高职高专“十三五”规划教材

化工企业检修维修特种作业

HUAGONG QIYE JIANXIU WEIXIU TEZHONG ZUOYE

刘德志　孙士铸　主编

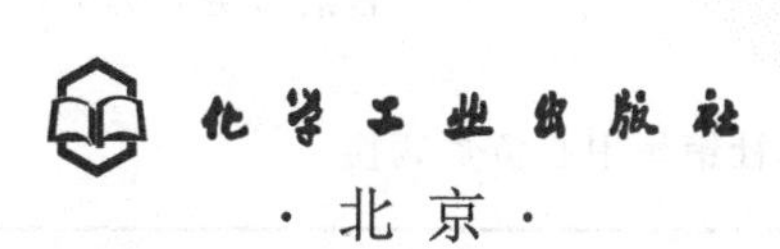

化学工业出版社

·北京·

《化工企业检修维修特种作业》是根据化工企业检修维修的特点，系统地讲述了动火作业、受限空间作业、盲板抽堵作业、高处作业、吊装作业、临时用电作业、动土作业、断路作业等特殊作业的相关法律法规、基本安全要求以及安全作业证的管理；对检修维修作业危险性以及相关安全措施进行了分析，介绍了相关安全操作规程、安全操作证办理以及应急处理等相关化工安全技术知识。

本书可作为高职院校化工类、石化类、生化类、安全与环保类等专业的专业基础课教材，也可作为化工类企业在职人员的培训用参考书。

图书在版编目（CIP）数据

化工企业检修维修特种作业/刘德志，孙士铸主编.
—北京：化学工业出版社，2019.7（2023.1重印）
高职高专“十三五”规划教材
ISBN 978-7-122-34187-7

Ⅰ.①化…　Ⅱ.①刘…②孙…　Ⅲ.①化工企业-检修-安全管理　Ⅳ.①TQ086

中国版本图书馆CIP数据核字（2019）第054982号

责任编辑：张双进　　文字编辑：向　东
责任校对：王鹏飞　　装帧设计：王晓宇

出版发行：化学工业出版社（北京市东城区青年湖南街13号　邮政编码100011）
印　　装：北京科印技术咨询服务有限公司数码印刷分部
787mm×1092mm　1/16　印张9¼　字数229千字　　2023年1月北京第1版第2次印刷

购书咨询：010-64518888　　售后服务：010-64518899
网　　址：http://www.cip.com.cn
凡购买本书，如有缺损质量问题，本社销售中心负责调换。

定　　价：35.00元

前　言

近几年化工企业安全形势非常严峻，随着产业转型升级，对化工专业人才需求出现新的趋势，安全环保理念深入人心，安全生产成为企业的主体责任。各种检修维修作业过程中涉及的人、物料、工器具等的安全管理压力极大。为规范检修维修作业安全管理，增强员工检修维修期间的防控能力，以便全面地评价作业过程中的潜在风险，消除作业人员在作业过程中存在的各种伤害隐患，防止各类安全事故发生，特编写本教材。

本书可作为高职院校化工类、石化类、生化类、安全与环保等专业的专业基础课教材，也可作为化工类企业在职人员的安全培训用书。

本书由刘德志、孙士铸主编，孙士铸负责项目一编写，刘德志负责项目二的任务一至任务四的编写，李浩负责项目二的任务五至任务八的编写，韩宗负责项目三的编写，最后由刘德志进行了统稿。

本书在编写过程中得到秦皇岛博赫科技开发有限公司的大力支持，也得到华泰化工集团有限公司陈洪祥、海科化工集团有限公司马宪华等的大力帮助，在此一并感谢。

由于水平有限，书中难免存在不妥之处，敬请批评指正。

编者

2018 年 9 月

目录
CONTENTS

项目一 特殊作业认知

【应知】

（1）掌握特种作业的类型和特点。
（2）熟悉特殊作业的要求和安全措施。
（3）熟悉特殊作业相关人员的职责与要求。
（4）熟悉特种作业的相关法律法规体系组成。
（5）掌握特殊作业安全规范相关要求。
（6）熟悉特殊作业相关作业规范程序。

【应会】

（1）会进行安全事故案例资料的收集与整理。
（2）能进行特殊作业生产事故案例的分析与归纳。
（3）会结合生产实际查找相应法规要求。
（4）能制定特殊作业生产安全技术措施。

【项目导言】

石油和化学工业是国民经济中的基础产业和支柱产业之一。由于原材料和生产过程的特殊性，安全成为化工行业发展的永恒主题。众所周知，因化工生产具有易燃、易爆、易中毒，高温、高压、有腐蚀等特点，在化工行业中，安全生产就显得尤为重要。目前，我国化工行业安全形势不容乐观，大大小小的安全事故不断发生。数据统计，2016 年 1～8 月，我国共发生 232 起化工安全事故，其中涉及危险化学品事故 96 起，占 41.38%。

化工行业中使用的原材料多易燃、易爆，并具有腐蚀性，同时许多化工生产离不开高温、高压设备，在生产过程中若使用方法和操作管理不当，就会造成火灾、爆炸、中毒或烧伤等一系列安全生产事故。而在化学品生产单位设备检修过程中，动火、受限空间、盲板抽堵、高处、吊装、临时用电、动土、断路等八大特殊作业是事故多发环节，易对操作者本人、他人及周围建（构）筑物、设备、设施的安全造成伤害，安全风险高。

据国家安全监督管理总局（简称安监总局）统计，发生的化工和危险化学品较大事故中，50%以上与特殊作业有关。2014 年，我国化工和危化品行业共发生事故 114 起，死亡 166 人；其中 16 起较大事故中，有 9 起与特殊作业有关，占 56%。2015 年 1～4 月，化工和危化品行业共发生 31 起事故，死亡 51 人；7 起较大事故中，有 6 起与特殊作业有关，占85.7%。

国家安全生产监督管理总局组织督导组于2018年1月14～19日对江苏省盐城、连云港、淮安、徐州、宿迁等5市危险化学品安全生产工作进行了督查。现场检查了18家化工企业，指出了208项安全隐患问题。其中，涉及动火问题14项，受限空间8项，高处作业2项，盲板抽堵2项，吊装1项，用电18项，作业票证问题9项。

2014年，国家质量监督检验检疫总局、国家标准化管理委员会发布了2014年第19号公告:《化学品生产单位特殊作业安全规范》，于2015年6月1日正式实施。特殊作业安全规范的发布，为指导企业加强特殊作业安全管理提供了有力保障，对避免或减少特殊作业环节事故的发生具有重要意义。2016年11月《国务院办公厅关于印发危险化学品安全综合治理方案的通知》(国办发〔2016〕88号)，要求必须“加强硝酸铵、硝化棉、氰化钠等高危化学品生产、储存、使用、经营、运输和废弃处置全过程管控”。《国务院办公厅关于印发安全生产“十三五”规划的通知》(国办发〔2017〕3号) 中明确危险化学品事故防范重点环节为动火、受限空间作业、检维修、设备置换、开停车、试生产、变更管理。

任务一 特殊作业认知

【任务描述】

化工企业由于其生产工艺、物料特殊性，与其他企业相比具有高温、高压和易燃易爆性、腐蚀性、剧毒性等特点，因此，无论在日常生产，还是装置检修、改造作业中，如有不慎极易发生火灾、爆炸、中毒等人员伤亡事故。可以说化工企业检维修作业中，每一个点都存在着危险源；所有特殊作业是化工行业里较为危险、技术等各类要求比较高的作业形式，易对操作者本人、他人及周围设施的安全造成重大危害。图1-1为高处维修作业现场。

图1-1 高处维修作业现场

化工领域相关企业要深刻吸取事故血的教训，检维修作业必须明确特殊作业的安全施工文明作业具体要求，关注工作人员的行为表现，特殊作业安全工作不断改进，进一步强化企业主体责任落实，牢固树立安全生产红线意识，真正在思想上警醒起来，铸牢安全生产的思想防线。严格依法生产经营、严格动火作业等特殊作业管理，把住安全防控制度关。各有关企业更要提高对动火等特殊作业过程风险的认识，严格按照相关法规制度的要求，制定和完善动火等特殊作业管理制度，强化风险辨识和管控，严格程序确认和作业许可审批，加强现场监督，确保各项规定执行落实到位，形成靠制度管控安全的管理和行为模式。

一、教学引导案例

［**事故一**］1985年8月，某炼油厂维修车间一名技术人员在加氢裂化装置新压缩机厂房楼上清扫压缩机基础时，一脚踩空，从吊装孔掉到楼下，经抢救无效死亡。事故的主要原因是：当事人在交叉作业、施工现场复杂的情况下，安全警惕性不高，吊装孔虽采取安全措施，但吊装孔仍留有0.5m的空隙，措施落实不到位。

［**事故二**］2004年10月27日，某石化分公司炼油厂硫黄回收车间V402原料水罐发生重大爆炸事故，死亡7人，直接经济损失192.27万元。事故的直接原因是：石化分公司炼油厂硫黄回收车间因64万吨/年酸性水汽提装置V403原料水罐发生撕裂事故实施抢修作业，在V402罐顶排气线0.8m处动火切割，V402原料水罐内的爆炸性混合气体，从与V402罐相连接的*DN*200管根部焊缝或V402罐壁与罐顶板连接焊缝开裂引起泄漏，遇到在V402罐上气割*DN*200管线作业的明火或飞溅的熔渣，引起爆炸。

思考

1. 高处作业现场的安全要求有哪些？
2. 化工企业检修作业有哪些工作，应注意什么？

二、教学讨论案例

［**案例一**］2014年1月1日，某燃化有限公司储运车间中间原料罐区在切罐作业过程中发生石脑油泄漏，引发硫化氢中毒事故，造成4人死亡、3人受伤，直接经济损失536万元。事故的主要原因是：该企业储运车间中间原料工段在进行管线防冻防凝工作时，将6个储罐抽净管线上的6处法兰全部拆开，事发时抽净管线系统处于敞开状态。操作人员在进行切罐作业时，本应开启2#罐出料管线上的阀门，错误开启了该罐倒油线上的阀门，使高含硫的石脑油（总硫含量为0.3822%）通过倒油线串入抽净线，石脑油从抽净线拆开的法兰处泄漏。泄漏的石脑油中的硫化氢挥发，致使现场操作人员及车间后续处置人员硫化氢中毒，图1-2为事故现场。

图1-2　事故现场

[**案例二**] 2006年4月25日，某化学工业有限公司合成气部净化装置在检修电除尘器过程中发生爆炸，造成4人死亡、1人受伤。事故的直接原因是该电除尘器在检修过程中，在系统不具备动火的条件下，相关员工违章违规在禁火区域使用喷灯熔焊电缆接地线，导致明火与泄漏的可燃气体接触，致使电除尘器发生爆炸。

思考

1. 装置检修有哪些危害？

2. 应采取哪些安全技术措施？

【相关知识】

图1-3为八大特殊作业的实施。

(a) 动火作业 (b) 受限空间作业 (c) 盲板抽堵作业 (d) 高处作业

(e) 吊装作业 (f) 临时用电作业 (g) 动土作业 (h) 断路作业

图1-3 八大特殊作业

知识点一 特殊作业

一、特殊作业

化学品生产单位设备检修过程中可能涉及的动火作业、受限空间作业、盲板抽堵作业、高处作业、吊装作业、临时用电作业、动土作业、断路作业等，对操作者本人、他人及周围建（构）筑物、设备、设施的安全可能造成危害的作业称为特殊作业。

1. 特殊作业的性质

① 特殊作业具有流动性、交叉性、非常规性以及使用特殊装备或工艺，危险性和管理压力明显增大。

② 特殊作业现场的各类不安全因素比较集中，时常存在事故隐患。例如，人员较集中、器材设备堆放杂乱以及临时检修电源和脚手架、运输车辆多而通道宽度受限等。

③ 特殊作业现场往往是多人伤害事故、机械伤害事故、触电事故、高空坠落事故等事故的高发区，安全形势严峻。

④ 在特殊作业现场时常要用到一些易燃易爆品、有毒品、易碎品等，安全压力大。

⑤ 特殊作业期间，一些吊装孔、井、坑、沟等会被打开使用，一旦管理措施不到位、

提示不及时，极易发生高空坠落事故，安全管理更要注重细节。

⑥ 为保证工期，几个作业小组争场地、空间、通道的事时有发生，甚至立体垂直作业、交叉作业、混合作业等，极易发生伤害他人的事故，必须提高安全管理成效。

2. 特殊作业人员要求

特殊作业人员须持在年审期限内的特种作业证上岗；特殊作业必须按照有关规定和程序办理相关作业审批手续，按照施工方案要求确保施工人员和设备安全。特殊作业结束，按照规程进行检查，确认无危险后，方可离开。

二、特殊作业类型

1. 动火作业

直接或间接产生明火的工艺设备以外的禁火区内可能产生火焰、火花或炽热表面的非常规作业，如使用电焊、气焊（割）、喷灯、电钻、砂轮等进行的作业。

2. 受限空间作业

受限空间作业就是进入或探入受限空间进行的作业。

进出口受限，通风不良，可能存在易燃易爆、有毒有害物质或缺氧，对进入人员的身体健康和生命安全构成威胁的封闭、半封闭设施及场所，如反应器、塔、釜、槽、罐、炉膛、锅筒、管道以及地下室、窨井、坑（池）、下水道或其他封闭、半封闭场所。

3. 盲板抽堵作业

在设备、管道上安装和拆卸盲板的作业。

4. 高处作业

在距坠落基准面 2m 及 2m 以上有可能坠落的高处进行的作业。

5. 吊装作业

利用各种吊装机具将设备、工件、器具、材料等吊起，使其发生位置变化的作业过程。

6. 临时用电作业

利用正式运行的电源上所接的非永久性用电的作业。

7. 动土作业

挖土、打桩、钻探、坑探、地锚入土深度在 0.5m 以上；使用推土机、压路机等施工机械进行填土或平整场地等可能对地下隐蔽设施产生影响的作业。

8. 断路作业

在化学品生产单位内交通主、支路与车间引道上进行工程施工、吊装、吊运等各种影响正常交通的作业。

三、典型案例

[案例一] 2014 年 4 月 16 日，某化工有限公司硬脂酸造粒塔发生爆炸、起火，事故造成 8 人死亡、9 人受伤。事故原因是：在未停车清理情况下，在造粒塔下料斗处动焊加装敲击锤过程中，焊接高温引起造粒塔内硬脂酸粉尘爆炸，继而引发火灾、装置坍塌。

[案例二] 2015 年 5 月 16 日，某化工有限公司二硫化碳生产装置泄漏，在检修过程

中发生中毒事故，造成8人死亡、6人受伤。事故原因是：二硫化碳冷却池内冷却管泄漏，1名操作人员在未检测有毒气体、未办理受限空间作业票证、未采取有效防护措施的情况下进入池内进行堵漏作业，造成中毒，其他13人连续盲目施救，致使事故伤亡扩大。

[**案例三**] 2014年5月8日国家安监总局通报了当年1～4月发生的危险化学品和化工9起较大事故，导致了35人死亡、52人受伤。其中5起爆炸事故，4起中毒窒息事故；7起涉及直接作业环节，其中动火3起、进入受限空间2起、检维修2起，这些事故进一步表明动火、进入受限空间和检维修作业等特殊作业环节必须要加强管理，而防爆炸和中毒窒息是化工企业事故防范的重点。

思考 从以上案例中可以看到，化工企业特种检维修作业有哪些安全风险？如何落实检维修作业安全管理？

四、特殊作业安全管理通用措施

企业主要负责人必须依据国家有关法律法规要求，加强对企业内各种作业的安全管理。对于特殊作业必须满足以下几方面：

① 有健全的安全生产责任制；
② 有完善的规章制度和操作规程；
③ 安全投入符合要求；
④ 主要负责人、安全管理人员培训合格；
⑤ 特种作业人员持证上岗；
⑥ 依法参加工伤保险，配备劳动防护用品；
⑦ 依法进行安全评价；
⑧ 作业场所、安全设施、工艺符合法规、标准要求；
⑨ 有职业健康防护设施和应急救援设施；
⑩ 有生产安全事故应急救援预案。

知识点二 特殊作业相关法律法规

我国安全生产方针：安全第一，预防为主，综合治理。特种作业人员必须熟悉安全生产法律法规标准体系框架，掌握国家有关法律法规、标准和规范性文件的获取渠道。

一、特殊作业相关法律法规

我国的法律法规体系由四个层面构成：法律、法规、部门规章、相关标准。

1. 第一个层面：全国人大颁布的有关法律

①《中华人民共和国安全生产法》
②《中华人民共和国职业病防治法》
③《中华人民共和国消防法》
④《中华人民共和国道路交通安全法》
⑤《中华人民共和国矿山安全法》

⑥《中华人民共和国特种设备安全法》

⑦ 专门安全法相关的法《中华人民共和国刑法》《中华人民共和国劳动法》《中华人民共和国行政处罚法》

2. 第二个层面：国务院颁布的有关法规

①《危险化学品安全管理条例》（国务院 591 号令）

②《安全生产许可证条例》（国务院 397 号令）

③《易制毒化学品管理条例》（国务院 445 号令）

④《生产安全事故报告和调查处理条例》（国务院 493 号令）

⑤《农药管理条例》（国务院 216 号令）

⑥《使用有毒物品作业场所劳动保护条例》（国务院 352 号令）

⑦《工业产品生产许可证管理条例》（国务院 440 号令）

⑧《国务院关于进一步加强企业安全生产工作的通知》

⑨《国务院办公厅关于印发危险化学品安全综合治理方案的通知》（国办发〔2016〕88 号）

⑩《中共中央国务院关于推进安全生产领域改革发展的意见》（2016 年 12 月 9 日）

⑪《国务院办公厅关于印发安全生产“十三五”规划的通知》（国办发〔2017〕3 号）

3. 第三个层面：部门规章及总局重要文件

（1）部门规章

①《特种作业人员安全技术培训考核管理规定》（总局令第 30 号）

②《危险化学品重大危险源监督管理暂行规定》（总局令第 40 号）

③《危险化学品生产企业安全生产许可证实施办法》（总局令第 41 号）

④《危险化学品输送管道安全管理规定》（总局令第 43 号）

⑤《危险化学品建设项目安全监督管理办法》（总局令第 45 号）

⑥《危险化学品经营许可证管理办法》（总局令第 55 号）

⑦《危险化学品登记管理办法》（总局令第 53 号）

⑧《危险化学品安全使用许可证管理办法》（总局令第 57 号）

⑨《化学品物理危险性鉴定与分类管理办法》（总局令第 60 号）

⑩《化工企业保障生产安全十条规定》（总局令 64 号）

⑪《企业安全生产风险公告六条规定》（总局令第 70 号）

⑫《国家安全监管总局关于废止和修改危险化学品等领域七部规章的决定》（总局令第 79 号）

⑬《非药品类易制毒化学品生产、经营许可办法》（总局令第 5 号）

⑭《生产安全事故应急预案管理办法》（总局令第 88 号）

⑮《国家安全监管总局关于修改和废止部分规章及规范性文件的决定》（总局令第 89 号）

⑯《建设项目职业病防护设施“三同时”监督管理办法》（总局令第 90 号）

（2）总局重要文件

①《国务院安委会办公室关于进一步加强危险化学品安全生产工作的指导意见》（安委办〔2008〕26 号）

②《国家安全监管总局关于公布首批重点监管的危险化工工艺目录的通知》（安监总管三〔2009〕116 号）

③《国家安监总局工信部关于危险化学品企业贯彻落实〈国务院关于进一步加强企业安全生产工作的通知〉的实施意见》（安监总管三〔2010〕186 号）

④《国家安全监管总局关于公布首批重点监管的危险化学品名录的通知》（安监总管三〔2011〕95号）

⑤《国家安监总局关于印发危险化学品从业单位安全生产标准化评审工作管理办法的通知》（安监总管三〔2011〕145号）

⑥《国家安监总局、发改委、工信部、住建部关于开展提升危险化学品领域本质安全水平专项行动的通知》（安监总管三〔2012〕87号）

⑦《国家安全监管总局关于印发危险化学品企业事故隐患排查治理实施导则的通知》（安监总管三〔2012〕103号）

⑧《国务院安委会办公室关于进一步加强化工园区安全管理的指导意见》（安委办〔2012〕37号）

⑨《国家安全监管总局关于公布第二批重点监管危险化学品名录的通知》（安监总管三〔2013〕12号）

⑩《国家安全监管总局关于公布第二批重点监管危险化工工艺目录和调整首批重点监管危险化工工艺中部分典型工艺的通知》（安监总管三〔2013〕3号）

⑪ 安监总局、住建部《关于进一步加强危险化学品建设项目安全设计管理的通知》（安监总管三〔2013〕76号）

⑫《国家安全监管总局关于加强化工过程安全管理的指导意见》（安监总管三〔2013〕88号）

⑬《危险化学品生产、储存装置个人可接受风险标准和社会可接受风险标准（试行）》（总局公告2014年第13号）

⑭《国家安全监管总局关于进一步严格危险化学品和化工企业安全生产监督管理的通知》（安监总管三〔2014〕46号）

⑮《国家安全监管总局办公厅关于印发危险化学品目录（2015版）实施指南（试行）的通知》（安监总厅管三〔2015〕80号）

⑯《国家安全监管总局关于印发〈化工（危险化学品）企业安全检查重点指导目录〉的通知》（安监总管三〔2015〕113号）

⑰《国家安全监管总局关于印发〈危险化学品安全生产“十三五”规划〉的通知》（安监总管三〔2017〕102号）

⑱《国家安全监管总局关于印发〈化工和危险化学品生产经营单位重大生产安全事故隐患判定标准（试行）〉的通知》（安监总管三〔2017〕121号）

4. 第四个层面：危化品安全管理国家标准及建设项目建设标准

危化品安全管理标准包括国家标准（GB）、行业标准（AQ/SH/HG）、地方标准（DB）、企业标准等不同层次。

（1）危化品安全管理国家标准

①《化学品安全技术说明书内容和项目顺序》（GB/T 16483）

②《危险货物分类和品名编号》（GB 6944）

③《化学品安全标签编写规定》（GB 15258）

④《危险货物品名表》（GB 12268）

⑤《常用危险化学品贮存通则》（GB 15603）

⑥《危险化学品重大危险源辨识》（GB 18218）

（2）危化品建设项目建设标准

①《石油加工业卫生防护距离》（GB 8195—2011）

②《石油化工安全仪表系统设计规范》(GB/T 50770—2013)
③《爆炸危险环境电力装置设计规范》(GB 50058—2014)

二、特殊作业相关安全规范

①《化学品生产单位特殊作业安全规范》(GB 30871—2014)
②《安全帽》(GB 2811)
③《安全标志及其使用导则》(GB 2894)
④《体力劳动强度分级》(GB 3869)
⑤《高温作业分级》(GB/T 4200)
⑥《起重吊运指挥信号》(GB 5082)
⑦《安全带》(GB 6095)
⑧《个体防护装备选用规范》(GB/T 11651)
⑨《吊笼有垂直导向的人货两用施工升降机》(GB 26357)
⑩《建筑设计防火规范》(GB 50016—2014)
⑪《石油库设计规范》(GB 50074)
⑫《石油化工企业设计防火规范》(GB 50160—2008)
⑬《工作场所有害因素职业接触限值 第1部分：化学有害因素》(GBZ 2.1)
⑭《电业安全工作规程(电力线路部分)》(DL 409)
⑮《锻造角式高压阀门技术条件》(JB/T 450)
⑯《施工现场临时用电安全技术规范》(JGJ 46)

三、特殊作业行业标准

①《化学品生产单位吊装作业安全规范》(AQ 3021—2008)
②《化学品生产单位动火作业安全规范》(AQ 3022—2008)
③《化学品生产单位动土作业安全规范》(AQ 3023—2008)
④《化学品生产单位断路作业安全规范》(AQ 3024—2008)
⑤《化学品生产单位高处作业安全规范》(AQ 3025—2008)
⑥《化学品生产单位设备检修作业安全规范》(AQ 3026—2008)
⑦《化学品生产单位盲板抽堵作业安全规范》(AQ 3027—2008)
⑧《化学品生产单位受限空间作业安全规范》(AQ 3028—2008)
⑨《生产区域动火作业安全规范》(HG 30010—2013)
⑩《生产区域受限空间作业安全规范》(HG 30011—2013)
⑪《生产区域盲板抽堵作业安全规范》(HG 30012—2013)
⑫《生产区域高处作业安全规范》(HG 30013—2013)
⑬《生产区域吊装作业安全规范》(HG 30014—2013)
⑭《生产区域断路作业安全规范》(HG 30015—2013)
⑮《生产区域动土作业安全规范》(HG 30016—2013)
⑯《生产区域设备检修作业安全规范》(HG 30017—2013)

四、特殊作业一般安全规定

化工生产企业必须加强安全生产监督管理，规范化工装置检修行为，严控特殊作业环节，保障人员安全，确保生产装置正常运行和特殊作业安全。

（一）检修项目管理

① 装置检修单位应明确检修工作负责人和安全管理责任人，建立安全管理制度，落实安全责任制，明确责任人。

② 装置检修须制定专题方案，方案中应有具体的安全卫生防范保障措施内容。

③ 装置检修对外委托施工的，施工单位应具有国家规定的相应资质证书，并在其资质等级许可范围内开展检修施工业务。

④ 在办理检修项目委托手续和签订工程施工合同时，须交代安全措施和签订安全责任书。

⑤ 对待检修的装置要开展危害识别、风险评价和实施必要的控制措施。

对安全风险程度较高的检修项目或一些重大项目，须制订相应的安全技术措施（安全措施、扫线方案、盲板位置、进度等），并应做到“五定”，即定施工方案、定作业人员、定安全措施、定工程质量、定进度。

⑥ 装置检修的各项目作业，须严格执行操作票或作业许可证（包括进出料、停开泵、加拆盲板和施工、检修、动火、用电、动土、高处作业、进塔入罐、射线、探伤等票证）制度和相应的安全技术规范，并根据安全制度和技术规范的要求制定适用于本单位的作业规定和相应的票证，明确各作业、签发人员的职责及票证的有效性。

（二）作业安全基本要求

1. 作业前的人员准备

作业前，作业单位和生产单位应对作业现场和作业过程中可能存在的危险、有害因素进行辨识，制定相应的安全措施。

必须对参加作业的人员进行安全教育，主要内容如下：

① 有关作业的安全规章制度；

② 作业现场和作业过程中可能存在的危险、有害因素及应采取的具体安全措施；

③ 作业过程中所使用的个体防护器具的使用方法及使用注意事项；

④ 事故的预防、避险、逃生、自救、互救等知识；

⑤ 相关事故案例和经验、教训。

2. 作业前，生产单位应进行的预备工作

① 对设备进行隔绝、清洗、置换，并确认满足动火、进入受限空间等作业安全要求；

② 对放射源采取相应的安全处置措施；

③ 对作业现场的地下隐蔽工程进行交底；

④ 腐蚀性介质的作业场所配备人员应急用冲洗水源；

⑤ 夜间作业的场所应设满足要求的照明装置；

⑥ 会同作业单位组织作业人员到作业现场，了解和熟悉现场环境，进一步核实安全措施的可靠性，熟悉应急救援器材的位置及分布。

3. 作业前，生产单位应进行的检查工作

作业前，作业单位对作业现场及作业涉及的设备、设施、工器具等进行检查，并使之符合如下要求：

① 作业现场消防通道、行车通道应保持畅通，影响作业安全的杂物应清理干净；

② 作业现场的梯子、栏杆、平台、箅子板、盖板等应确保安全；

③ 作业现场可能危及安全的坑、井、沟、孔洞等应采取有效防护措施，并设警示标志，夜间应设警示红灯，需要检修的设备上的电器电源应可靠断电，并在电源开关处加锁并加挂安全警示牌；

④ 作业使用的个体防护器具、消防器材、通信设备、照明设备等应完好；

⑤ 作业使用的脚手架、起重机械、电气焊用具、手持电动工具等各种工器具应符合作业安全要求；超过安全电压的手持式、移动式电动工器具应逐个配置漏电保护器和电源开关。

4. 作业现场相关人员必须遵守的要求

进入作业现场的人员应正确佩戴符合 GB 2811 要求的安全帽。作业时，作业人员应遵守本工种安全技术操作规程，并按规定着装及佩戴相应的个体防护用品，多工种、多层次交叉作业应统一协调。

特种作业和特种设备作业人员应持证上岗。患有职业禁忌证者不应参与相应作业。

作业监护人员应坚守岗位，如确需离开，应有专人替代监护。

5. 作业前必须确保相关手续完备

作业前，作业单位应办理作业审批手续，并有相关责任人签名确认。同一作业涉及动火、进入受限空间、盲板抽堵、高处作业、吊装、临时用电、动土、断路中的两种或两种以上时应同时办理相应的作业审批手续。

作业时审批手续应齐全、安全措施应全部落实、作业环境应符合安全要求。作业审批手续的相关内容参见 GB 30871。

6. 作业时异常情况处理

当生产装置或作业现场出现异常情况，可能危及作业人员安全时，生产单位应立即通知作业人员停止作业，迅速撤离。

当作业现场出现异常，可能危及作业人员安全时，作业人员应停止作业，迅速撤离，作业单位应立即通知生产单位。

7. 作业完毕应进行的工作

作业完毕，应恢复作业时拆移的盖板、箅子板、扶手、栏杆、防护罩等安全设施的安全使用功能；将作业用的工器具、脚手架、临时电源、临时照明设备等及时撤离现场；将废料、杂物、垃圾、油污等清理干净；尽快恢复正常交通等。

五、特殊作业相关人员

（一）危险化学品特种作业人员

1. 危险化学品特种作业人员的素质要求

符合年龄规定、具有高中及以上文化程度，具备必要的安全技术知识与技能、身体健康，无影响特种作业的各类疾病和身体缺陷。

2. 危险化学品特种作业人员的安全职责

① 认真学习安全生产的法律法规、岗位操作知识和技能。

② 严格遵守安全规章制度。

③ 发现安全事故隐患采取相应措施，及时报告。

④ 正确使用、妥善保管各种劳动防护用品和器具。

⑤ 拒绝违章作业的指令，向上级部门举报。

3. 危险化学品特种作业人员的资质

操作人员按照《特种作业人员安全技术培训考核管理规定》要求，向当地安监部门提交申请和相关资料，参加并接受与其所从事的特种作业相应的安全技术理论培训和实际操作培训。通过特种作业操作资格考试（包括安全技术理论考试和实际操作考试两部分），经考核合格，核发由国家安全监管部门统一式样、标准及编号、有效期为6年的《中华人民共和国特种作业操作证》，方可上岗作业。

特种作业操作证每3年复审1次。需要复审的，应当在期满前60日内，参加不少于8个学时的安全培训，并按照要求提交社区或者县级以上医疗机构出具的健康证明、从事特种作业的情况、安全培训考试合格记录等材料参加复审，复审合格的由考核发证机关签章、登记。

（二）作业负责人

1. 作业负责人的主要职责

① 正确组织工作。

② 检查工作票所列安全措施是否正确完备，是否符合现场实际条件，必要时予以补充完善。

③ 工作前，对工作班成员进行工作任务、安全措施交底和危险点告知，并确认每个工作班成员都已签名。

④ 组织执行工作票所列由其负责的安全措施。

⑤ 监督工作班成员遵守本规程、正确使用劳动防护用品和安全工器具以及执行现场安全措施。

⑥ 关注工作班成员身体状况和精神状态是否出现异常迹象，人员变动是否合适。

2. 作业现场负责人安全生产职责

① 作业现场负责人是安全生产的第一责任人，对现场的劳动保护和安全生产负全面领导责任。

② 坚决执行国家“安全第一、预防为主、综合治理”的安全生产方针和各项安全生产法律、法规，接受企业安全管理部门监督和行业管理。

③ 审定、颁发现场各项安全生产责任制和安全生产管理制度，提出现场安全生产目标，并组织实施。

④ 贯彻系统管理思想，在计划、布置、检查、总结、评比生产经营的同时计划、布置、检查、总结、评比安全工作，确保“安全第一”贯彻于企业经营服务工作的全过程。

⑤ 负责现场安全生产中的重大隐患的整改、监督。一时难于解决的，要组织制定相应的强化管理办法，并采取有效措施，确保过渡期的安全，并向上级部门提出书面报告。

⑥ 审批安全技术措施计划，负责安全技术措施经费的落实。

⑦ 认真贯彻执行安全主任制度，按规定配备并聘任具有较高技术素质、责任心强的安

全主任，授予行使安全督导权利，并支持其对本现场安全生产进行有效管理。

⑧ 主持召开安全生产例会，认真听取意见和建议，接受群众（业主、用户和员工）监督。

（三）作业现场监护人

① 作业现场监护人是指对正在进行现场直接作业的人员，负有安全监督和保护责任的人。

② 安全监护人是现场直接作业的最后一道防线。

③ 在生产区域内进行动火、动土、高处、受限空间、盲板抽堵、吊装、设备检修等作业必须设监护人，对作业负安全监督管理责任，对现场作业全过程实行监护与检查，对作业人员的行为进行安全监督与检查，负责安全协调与联系。

④ 监护人应由作业单位和作业点所在单位共同指派。

⑤ 监护人应指派本单位责任心强、业务技术水平高、熟悉八大规程、有经验、熟悉现场、掌握化工安全基础知识和各种应急救援知识的人员担任。

（四）现场作业人员

指使用单位中，从事特殊作业并经相应安全监督部门考核合格、依法取得特种作业人员证的在作业现场进行施工人员。

（五）危险化学品应急救援管理人员

① 危险化学品应急救援管理人员是指政府部门危险化学品应急管理人员、危险化学品生产经营单位主要负责人、分管安全负责人和安全管理部门负责人、危险化学品应急救援队伍负责人。

② 危险化学品应急救援管理人员应受安全培训，具备与所从事的应急救援活动相适应的应急救援理论和应急救援能力。培训应按照有关安全生产培训的规定组织进行。

③ 危险化学品应急救援管理人员的培训应坚持理论与实际相结合，注重对危险化学品应急救援管理人员应急救援理论和应急救援能力的综合培养，着力提高危险化学品应急救援管理人员危险化学品知识、应急救援专业技能和应急救援指挥、协调能力。

（六）其他相关人员安全工作要求

① 装置检修单位须按检修施工方案中安全技术措施的要求，向全体施工作业人员进行安全技术交底，特别要交代清楚安全措施和注意事项，并做好安全交底记录。

② 装置检修单位应对检修作业人员进行与作业内容相关的安全教育。凡二人以上作业，须指定其中一人负责安全。特种作业人员应按国家规定，持证上岗。

③ 检修作业人员必须严格执行有关安全保护规定，进入装置现场前，须穿戴好劳动安全保护用品，并对检修作业所用工机具、防护用品（脚手架、跳板、绳索、葫芦、行车、安全行灯、行灯变压器、电焊机、绝缘鞋、绝缘手套、验电笔、防毒面具、防尘用品、安全帽、安全带、安全网、消防器材等）安全可靠性进行检查、确认。

④ 有作业票证安全管理要求的，检修作业人员必须持相关作业票证方可进入装置现场作业。

⑤ 检修作业人员须达到“三懂三会一能”要求：懂本作业岗位的火灾危险性，懂火灾

的扑救方法，懂火灾的预防措施；会正确报警，会使用现有的消防器材等，会扑救初期火灾；能正确使用现有的防护器具和急救器具。

⑥ 动火、用电、动土、高处作业、进塔入罐、射线探伤等各类作业的监护人员必须履行安全职责，对作业和完工现场进行全面检查（如消灭火种、切断电源、清理障碍等），并认真做好作业过程中的监护工作。

知识点三 安全作业证的管理

一、安全作业证的作用

1. 书面沟通和安全交底

因设备检维修涉及工艺切断、物料清扫置换、电气能量隔离、设备维修等多个环节，涉及生产、工艺、设备、电气、施工等专业人员，因此通过安全作业证进行书面沟通和安全交底。

2. 措施落实

安全作业证上预先确定了某种作业必须采取的安全措施，对逐条落实措施具有提示作用。

3. 责任落实

安全作业证中要求各方人员必须签字，确保各专业人员承诺落实了安全作业证中的工作。

二、安全作业证的区分

在生产过程中有分级的特殊作业，安全作业证应根据特殊作业的等级以明显标记加以区分。

三、安全作业证的办理、审批和使用

① 安全作业证的办理、审批（会签）、审批部门（人）的内容如表1-1所示。

表1-1 安全作业证的办理和审批的内容

安全作业证种类		办理部门	审核或会签	审批部门(人)
动火证	特殊动火作业	作业单位	—	主管厂长或总工程师
	一级动火作业		—	安全管理部门
	二级动火作业		—	动火点所在车间
受限空间证		作业单位	—	受限空间所在单位
盲板抽堵证		生产车间(分厂)	作业单位	生产部门
高处作业证	一级高处作业	作业单位	—	设备管理部门
	二级、三级高处作业		车间	设备管理部门
	特级高处作业		安全管理部门	主管厂长

续表

安全作业证种类		办理部门	审核或会签	审批部门(人)
吊装证	一级吊装作业	作业单位	—	主管厂长或总工程师
	二级、三级吊装作业	作业单位	—	设备管理部门
临时用电证		作业单位	配送电单位	动力部门
动土证		动土所在单位	水、电、汽、工艺、设备、消防、安全管理等部门	工程管理部门
断路证		断路所在单位	消防、安全管理部门	工程管理部门

注：1. 还包括在坡度大于45°的斜坡上面实施的高处作业。
2. 还包括下列情形的高处作业：
① 在升降（吊装）口、坑、井、池、沟、洞等上面或附近进行的高处作业；
② 在易燃、易爆、易中毒、易灼伤的区域或转动设备附近进行的高处作业；
③ 在无平台、无护栏的塔、釜、炉、罐等化工容器、设备及架空管道上进行的高处作业；
④ 在塔、釜、炉、罐等设备内进行的高处作业；
⑤ 在临近排放有毒、有害气体、粉尘的放空管线或烟囱及设备的高处作业。
3. 还包括下列情形的高处作业：
① 在阵风风力为6级（风速10.8m/s）及以上情况下进行的强风高处作业；
② 在高温或低温环境下进行的异温高处作业；
③ 在降雪时进行的雪天高处作业；
④ 在降雨时进行的雨天高处作业；
⑤ 在室外完全采用人工照明进行的夜间高处作业；
⑥ 在接近或接触带电体条件下进行的带电高处作业；
⑦ 在无立足点或无牢靠立足点的条件下进行的悬空高处作业。
4. 其他要求：
① 吊装物体不足40t，但形状复杂、刚度小、长径比大、精密贵重，作业条件特殊，已编制吊装作业方案（经作业主管部门和安全管理部门审查），报主管（副总经理/总工程师）批准，应将吊装方案与填好的《吊装证》一并报设备管理部门批准；
② 吊装质量小于10t的吊装作业可不办理《吊装证》。

② 安全作业证实行一个作业点、一个作业周期内、同一作业内容一张《安全作业证》的管理方式。

③ 安全作业证不应随意涂改和转让，不应变更作业内容、扩大使用范围、转移作业部位或异地使用。

④ 作业内容变更、作业范围扩大、作业地点转移或超过有效期限，以及作业条件、作业环境条件或工艺条件改变时，应重新办理安全作业证。

四、安全作业证的有效期限

① 特殊动火作业和一级动火作业的《动火证》有效期不应超过8h；二级动火作业的《动火证》有效期不应超过72h。

②《受限空间证》有效期不应超过24h。

五、安全作业证持有及保存

安全作业证一式三联，其持有和存档部门（人）见表1-2。安全作业证应至少保存一年。

表 1-2　安全作业证持有及保存的内容

安全作业证种类		持有及保存情况		
		第一联	第二联	第三联(存档)
动火证	特级和一级动火	动火点所在车间(监火)	动火人	安全管理部门
	二级动火	动火点所在车间操作岗位(监火)	动火人	生产车间
受限空间证		作业负责人	监护人	受限空间所在单位
盲板抽堵证		作业单位	生产车间(分厂)	生产管理部门
高处作业证		作业人员	作业负责人	设备管理部门
吊装证		吊装指挥	项目单位	设备管理部门
临时用电证		作业单位(作业时) 配送电执行人(作业结束后注销)	配送电执行人	动力部门
动土证		现场作业人员	动土所在单位	工程管理部门
断路证		作业单位	断路所在单位	工程管理部门

【考核评价】

一、特殊作业典型案例分析

1. 某厂，污油法兰损坏需维修。维修钳工甲将带有污油底阀的污油管线放入污油池内，当时污油池液面高度为500cm，上面浮有30cm的浮油。在液面上的100cm处需对法兰进行更换，班长乙决定采用对接焊接方式。电焊工丙去办理动火票，钳工甲见焊工丙办理动火手续迟迟没回，便开始焊接，结果发生油气爆炸，钳工甲掉入污油池死亡。

选择题：

(1) 焊接时必须由取得（　　）人员操作。

A. 懂得防火知识　B. 懂得防爆知识　C. 焊工作业证　D. 经过培训

(2) 该事故的性质是（　　）。

A. 自然灾害　B. 刑事案件　C. 责任事故　D. 非责任事故

多选：

(3) 直接与事故有关的因素有（　　）。

A. 环境气压　B. 污油挥发气体　C. 环境温度　D. 电焊火花

(4) 钳工甲的作业环境中，存在的主要危险有（　　）。

A. 电磁场　B. 触电　C. 油气着火　D. 油气爆炸

2. 2009年7月28日16:00左右，甲公司甲酸生产装置因故障全系统停车进行检修，合成反应器甲醇喷管损坏，需进入反应器内部进行维修。7月29日8:00左右，打开合成反应器下部两个人孔进行通风，并从上部人孔加水进行冲洗。17:00左右，应公司安全处要求打开最上部人孔进行通风。17:15左右，安全处有关人员用可燃气体及氧气测定仪测定可燃气体不合格。此后，在17:15～19:45的一段时间内，每隔15min测定一次。19:45左右经测定，氧气含量为21%；可燃气体爆炸极限为12%～18%。安全人员认为合格，随后签发“进罐入塔证”并注明要佩戴长管呼吸器。20:00左右，乙公司两名架子工进入反应器内进行扎架子作业，甲公司两名操作工及乙公司一名临时工在器外进行监护。由于不方便，两名架子工未戴呼吸器。大约 13min 后，塔内传出求救声，监护人员及现场六名检修人员情急之下未戴呼吸器进塔救人，先后中毒，有七人勉强爬出。最后甲公司经理及合成工段工段长戴上呼吸器将塔内四人救出，立即进行现场急救并及时送往医院进行抢救，此时大约为 20：40。乙公司一名架子工和一名临时工经抢救无效后死亡，其余 2 人重伤。

（1）受限空间有何特点？

（2）受限空间作业有何危害？

参考答案：

1.（1）C；（2）C；（3）BD；（4）BCD。

2.（1）进出开口受到限制；并非供人员连续占据而设计；足够进入至少部分身体那么大；自然通风不足；含有潜在毒性和/或危险气体。

（2）存在进入人员中毒、窒息、受伤和死亡危害；存在机械伤害、高空坠落危害；存在火灾、爆炸、设备损坏危害；存在人身触电危害；液体或流动粉状物体的进入；噪声过高；放射性物质；自燃材料；其他。

二、检查与评价

1. 引导学生进行案例总结，分析检维修作业风险。
2. 考查学生对特种检维修作业相关安全规范要求的理解。
3. 考核学生对安全检维修作业安全管理的理解。
4. 考核学生的现场处置能力和应变能力。

任务二　特殊作业事故分析

【任务描述】

化工产业是国民经济重要产业，危险性较高，死亡率也较高，2014 年全国共发生化工和危险化学品事故 114 起、死亡 166 人。其中，涉及特殊作业的事故 51 起，死亡 82 人，分别占事故总起数的 44.7%和死亡总人数的 49.4%。2017 年上半年，全国发生的 8 起较大化工安全生产事故中，涉及动火特殊作业的事故就有 5 起，死亡 17 人，分别占事故数量和死亡人数的 56%和 45%。其中，吉林某石化“2·17”爆炸事故死亡 3 人；某焦化“4·28”爆炸事故死亡 4 人；某精细化工厂“5·2”爆炸事故死亡 3 人；某煤焦“6·27”爆炸事故死亡 3 人；某工业公司“6·28”爆炸事故死亡 4 人。

特殊作业主要存在显现风险、人因风险、管理风险、环境风险等 4 类风险。显现风险指的是火灾、爆炸、中毒与窒息、高处坠落、物体打击、触电、吊装伤害、坍塌、泄漏、停电、噪声等突发事件及危害因素；人因风险主要是失误、“三违”、执行不力等情况；管理风险表现为制度缺失、责任不明确、规章不健全、监督不力、培训不到位、证照不全等；环境风险则为环境不良、异常等。这些风险一旦发生，会对企业造成极大的影响，必须提前防范。

特殊作业环节危险性高，管理难度大，企业生产必须重视并加强特殊作业环节的安全管理与监督，结合企业自身的特点和实际情况，客观全面地辨识作业风险，制定有效的风险控制措施并严格执行到位，就一定可以减少甚至避免安全生产事故的发生。

【相关知识】

知识点 安全事故

一、安全事故分类

1. 按照事故发生的行业和领域划分

可分为工矿商贸企业生产安全事故、火灾事故、道路交通事故、农机事故、水上交通事故。安全生产事故灾难按照其性质、严重程度、可控性和影响范围等因素，一般分为四级：Ⅰ级（特别重大)、Ⅱ级（重大)、Ⅲ级（较大）和Ⅳ级（一般)。图 1-4 为安全事故现场。

图 1-4 安全事故现场

2. 按照事故原因划分

可分为物体打击事故、车辆伤害事故、机械伤害事故、起重伤害事故、触电事故、火灾事故、灼烫事故、淹溺事故、高处坠落事故、坍塌事故、冒顶片帮事故、透水事故、放炮事故、火药爆炸事故、瓦斯爆炸事故、锅炉爆炸事故、容器爆炸事故、其他爆炸事故、中毒和窒息事故、其他伤害事故等 20 种。

3. 按照事故的等级划分

《生产安全事故报告和调查处理条例》第三条，根据生产安全事故（以下简称事故）造成的人员伤亡或者直接经济损失，事故一般分为以下等级：

（1）特别重大事故 是指造成 30 人以上死亡，或者 100 人以上重伤，或者 1 亿元以上直接经济损失的事故；

（2）重大事故 是指造成 10 人以上 30 人以下死亡，或者 50 人以上 100 人以下重伤，或者 5000 万元以上 1 亿元以下直接经济损失的事故；

（3）较大事故 是指造成 3 人以上 10 人以下死亡，或者 10 人以上 50 人以下重伤，或者 1000 万元以上 5000 万元以下直接经济损失的事故；

（4）一般事故 是指造成3人以下死亡，或10人以下重伤，或者1000万元以下直接经济损失的事故；

所称的“以上”包括本数，所称的“以下”不包括本数。

4. 危险化学品安全事故划分

根据危险化学品的易燃、易爆、有毒、腐蚀等危险特性，以及危险化学品事故定义的研究，确定危险化学品事故的类型分为以下6类。

（1）危险化学品火灾事故 危险化学品火灾事故指燃烧物质主要是危险化学品的火灾事故。具体又分若干小类，包括：

① 易燃液体火灾；

② 易燃固体火灾；

③ 自燃物品火灾；

④ 遇湿易燃物品火灾；

⑤ 其他危险化学品火灾。

易燃液体火灾往往发展成爆炸事故，造成重大的人员伤亡。单纯的液体火灾一般不会造成重大的人员伤亡。由于大多数危险化学品在燃烧时会放出有毒气体或烟雾，因此危险化学品火灾事故中，人员伤亡的原因往往是中毒和窒息。

（2）危险化学品爆炸事故 危险化学品爆炸事故指危险化学品发生化学反应的爆炸事故或液化气体和压缩气体的物理爆炸事故。具体又分若干小类，包括：

① 爆炸品的爆炸（又可分为烟花爆竹爆炸、民用爆炸器材爆炸、军工爆炸品爆炸等）；

② 易燃固体、自燃物品、遇湿易燃物品的火灾爆炸；

③ 易燃液体的火灾爆炸；

④ 易燃气体爆炸；

⑤ 危险化学品产生的粉尘、气体、挥发物的爆炸；

⑥ 液化气体和压缩气体的物理爆炸；

⑦ 其他化学反应爆炸。

（3）危险化学品中毒和窒息事故 危险化学品中毒和窒息事故主要指人体吸入、食入或接触有毒有害化学品或者化学品反应的产物而导致的中毒和窒息事故。具体又分若干小类，包括：

① 吸入中毒事故（中毒途径为呼吸道）；

② 接触中毒事故（中毒途径为皮肤、眼睛等）；

③ 误食中毒事故（中毒途径为消化道）；

④ 其他中毒和窒息事故。

（4）危险化学品灼伤事故 危险化学品灼伤事故主要指腐蚀性危险化学品意外地与人体接触，在短时间内即在人体被接触表面发生化学反应，造成明显破坏的事故。腐蚀品包括酸性腐蚀品、碱性腐蚀品和其他不显酸碱性的腐蚀品。化学品灼伤与物理灼伤（如火焰烧伤、高温固体或液体烫伤等）不同。物理灼伤是高温造成的伤害，使人体立即感到强烈的疼痛，人体肌肤会本能地立即避开。化学品灼伤有化学反应过程，开始并不感到疼痛，要经过几分钟、几小时甚至几天才表现出严重的伤害，并且伤害还会不断地加深。因此化学品灼伤比物理灼伤危害更大。

（5）危险化学品泄漏事故 危险化学品泄漏事故主要指气体或液体危险化学品发生了一定规模的泄漏，虽然没有发展成为火灾、爆炸或中毒事故，但造成了严重的财产损失或环境污染等后果的危险化学品事故。危险化学品泄漏事故一旦失控，往往造成重大火灾、爆炸或中毒事故。

(6) 其他危险化学品事故　其他危险化学品事故指不能归入上述五类危险化学品事故的其他危险化学品事故，主要指危险化学品的肇事事故，即危险化学品发生了人们不希望的意外事件，如危险化学品罐体倾倒、车辆倾覆等，但没有发生火灾、爆炸、中毒和窒息、灼伤、泄漏等事故。

二、事故上报

《生产安全事故报告和调查处理条例》对事故发生后的上报时限和具体内容要求进行了明确的规定。

① 事故发生后，事故现场有关人员应当立即向本单位负责人报告；单位负责人接到报告后，应当于1h内向事故发生地县级以上人民政府安全生产监督管理部门和负有安全生产监督管理职责的有关部门报告。

② 情况紧急时，事故现场有关人员可以直接向事故发生地县级以上人民政府安全生产监督管理部门和负有安全生产监督管理职责的有关部门报告。

③ 安全生产监督管理部门和负有安全生产监督管理职责的有关部门接到事故报告后，应当依照下列规定上报事故情况，并通知公安机关、劳动保障行政部门、工会和人民检察院：

a. 特别重大事故、重大事故逐级上报至国务院安全生产监督管理部门和负有安全生产监督管理职责的有关部门；

b. 较大事故逐级上报至省、自治区、直辖市人民政府安全生产监督管理部门和负有安全生产监督管理职责的有关部门；

c. 一般事故上报至设区的市级人民政府安全生产监督管理部门和负有安全生产监督管理职责的有关部门。

④ 安全生产监督管理部门和负有安全生产监督管理职责的有关部门依照前款规定上报事故情况，应当同时报告本级人民政府。国务院安全生产监督管理部门和负有安全生产监督管理职责的有关部门以及省级人民政府接到发生特别重大事故、重大事故的报告后，应当立即报告国务院。

必要时，安全生产监督管理部门和负有安全生产监督管理职责的有关部门可以越级上报事故情况。

安全生产监督管理部门和负有安全生产监督管理职责的有关部门逐级上报事故情况，每级上报的时间不得超过2h。

⑤ 报告事故应当包括下列内容：

a. 事故发生单位概况；

b. 事故发生的时间、地点以及事故现场情况；

c. 事故的简要经过；

d. 事故已经造成或者可能造成的伤亡人数（包括下落不明的人数）和初步估计的直接经济损失；

e. 已经采取的措施；

f. 其他应当报告的情况。

三、事故案例分析

特殊作业的特点：具有流动性、交叉性、非常规性以及使用特殊装备或工艺，作业过程具有突然性、复杂性、危险性。

[案例一]

(1) 事故经过 2007年11月24日，某油气加注站，在停业检修时发生液化石油气储罐爆炸事故，造成4人死亡、30人受伤，周围部分建筑物等受损，直接经济损失960万元。

液化石油气储罐用氮气卸料后没有置换清洗，储罐内仍残留液化石油气；在进行管道气密性试验时，没有将管道与液化石油气储罐用盲板隔断，致使压缩空气进入了液化石油气储罐，储罐内液化石油气与压缩空气混合，形成爆炸性混合气体；因违章电焊动火作业，引发试压系统发生化学爆炸，导致事故发生。

(2) 事故特点分析

① 火灾、爆炸常常伴随着动火作业而来，这要求在进行动火作业之前，必须进行危险源辨识，并提前做好风险防控。动火作业危险源辨识主要还是集中在设备设施自身及人员操作的问题上，在进行动火作业前，一定要进行设备设施的安全检查，实施操作的人员一定要具备专业的风险防控意识、风险解决能力。

② 事故发生往往是因为部分企业存在安全生产责任不落实，安全意识、法律意识淡薄，安全管理混乱等问题，具体表现为：一是违反安全规程，违规指挥；二是不落实动火制度，不采取防护措施，违章作业；三是企业无相关资质、聘用无特种作业资格证人员盲目蛮干；四是现场应急处置不当，导致事故扩大。

[案例二]

(1) 事故经过 2016年3月16日，某树脂有限公司7m^3聚合实验装置1#聚合釜在清釜检修作业时发生一起氯乙烯中毒事故，造成3人死亡、2人受伤。

事故的直接原因：一是违反操作规程进入受限空间作业。该树脂分厂实验室技术员李某，违反公司《进入受限空间作业安全管理规定》，未办理《进入受限空间安全作业证》，违章指挥何某、唐某、周某进入1#釜内作业。二是进入受限空间作业未按规定进行安全隔绝，致使1#釜下端放料软管与2#釜、出料槽通过出料总管处于工艺联通状态，导致出料槽内带压的氯乙烯不断反冲入1#釜内，在釜内形成中毒窒息致死浓度条件，导致此次事故发生。三是救援处置措施不当，施救人员在未戴隔绝式呼吸器、未系安全绳的情况下，进入釜内盲目施救中毒死亡者，导致事故后果扩大。

(2) 事故特点分析

① 导致事故发生的主要原因是未落实作业审批制度，作业人员缺乏必要的安全技能，在未通风、未检测的情况下进入受限空间。

② 受限空间事故伤害类型主要是中毒和窒息，导致事故发生的有毒有害气体主要是硫化氢、一氧化碳等，且事故发生呈现季节性特点，每年的3月至10月为事故易发期，春夏两季尤为突出。特别是夏季温度高气压低，不利于受限空间内有毒有害气体扩散，作业人员易疲劳，对劳动防护用品的穿戴意愿不强，安全管控及有效操作环节容易不到位。

③ 在受限空间事故发生后，盲目施救造成的事故扩大现象也尤为严重。

思考 结合以上案例分析对安全事故的认识，形成不少于600字的小论文。

【任务实施】

化工特殊作业安全事故分析

一、事故数据统计

据不完全统计，我国 2010～2017 年上半年化工生产、经营企业发生的安全事故（资料来源于国家安全生产监督管理总局网）约 78 起，死亡 319 人，按发生事故的类型对其进行统计如表 1-3 所示。

表 1-3 化工企业安全事故统计表

设备	爆炸	触电	火灾	泄漏	窒息	中毒	中毒和窒息	坠落	其他	总计
事故数	27	2	11	3	5	11	4	4	11	78
死亡人数	128	8	55	11	15	36	12	13	41	319

注：火灾指仅发生火灾，爆炸包括物理爆炸、化学爆炸、火灾引发爆炸、爆炸引发火灾。

二、数据分析

由表 1-3 可以看出，化工企业事故发生率最高的是爆炸，如物理爆炸、化学爆炸、火灾引发爆炸、爆炸引发火灾，其次为火灾、中毒。

在上述 78 起事故中，对事故起因统计分析，结果可以看出近年来在我国化工行业引发事故较多的介质是以石油及其副产品为代表的碳氢类化合物，该类物质由于其易燃易爆性、易挥发性、易积聚静电、热膨胀性等特点使得该类物质在生产经营过程中事故易发；其次是苯类化学物、醇类化合物和卤化物。从事故统计还可以看出化工企业常见的火灾爆炸事故表现形式是火灾、火灾引发爆炸、爆炸引发火灾。

三、经验与教训

通过上述分析，必须加强特殊作业安全过程管理和危险作业行为治理，重点治理以下内容：

① 未结合自身实际情况建立符合《化学品生产单位特殊作业安全规范》的特殊作业安全管理制度的；

② 未对主要负责人、各级安全管理人员、专业技术人员和岗位员工进行特殊作业培训的；

③ 特殊作业涉及的焊接与热切割、电工、吊装等作业人员未持有效证件作业的；

④ 未配备完好可靠的可燃、有毒气体（物质）检测报警仪、氧含量分析仪器、消防器材、照明器具、应急救援器材等设备设施的；

⑤ 未配置符合规定数量且合格有效的空气呼吸器等个人防护用品或员工不能熟练、正确佩戴的；

⑥ 未在特殊作业前对作业现场和作业过程中的风险进行辨识或未制定、落实并按规定

确认各项防范措施的；

⑦ 未在动火作业前进行可燃气体定量分析，未在进入受限空间作业前进行可燃气体、有毒气体（物质）和氧含量定量分析，或分析时间无效、分析结果不合格仍作业的；

⑧ 未在特殊作业前办理作业审批手续的；

⑨ 未在特殊作业前向作业和监护人员进行充分安全交底的；

⑩ 未指派熟悉生产工艺、现场设备设施、具备应急处置能力的监护人进行全过程监护的；

⑪ 未在特殊作业完成后及时恢复拆移的安全设施安全使用功能、撤离作业工具、清理作业现场杂物并签字验收的；

⑫ 未落实节假日期间特殊作业升级管理的。

四、相关措施

1. 加强安全管理培训，贯彻落实相关规范

通过采取各种形式，开展《化学品生产单位特殊作业安全规范》培训，确保相关安全监管人员和企业员工的全覆盖。企业要严格特殊作业安全知识考核，确保全员过关。企业要自我对标，依照规范和标准完善特种作业管理制度，严格特殊作业安全管理。

2. 强化监督检查，加大打击力度

要强化监督检查，加大检查和打击力度。一是要将特殊作业作为日常检查的重点内容，增加检查频次；二是要经常性地开展针对特殊作业的检查监督；三是要将违规特殊作业作为“打非治违”的重点，严厉打击特殊作业环节中的违规行为。

3. 严肃违法违规行为，加重事故查处成效

各级安全监管部门要严格执法，严肃查处违法违规企业。一是严格处罚，首次发现违法违规行为的，要责令立即改正或限期改正，并予以规定上限的处罚；二是对于特殊作业安全管理存在严重漏洞的企业，要依法责令其停产停业整顿；三是对于在特殊作业环节发生事故的企业，要严格依法暂扣其安全生产许可证或责令其停业整顿；对于不能满足安全生产条件的企业，要依法吊销其安全生产许可证，报请有关地方政府予以关闭。

【考核评价】

一、参照上述案例分析，从应急管理部网站把近三年内发生的特殊作业（动火）安全事故进行分类分析，找出规律、提出建议。

考核参考表

评分项目	资料查阅汇总分析能力	自学与知识应用能力	任务方案质量	幻灯片制作能力	语言表达能力	外语能力	遵守纪律	与人合作能力			综合评定
								自我评价	班组组长对组员评价	员工评价	
分值	15	15	40	5	5	5	5	2	3	5	
得分											

二、检查与评价

1. 引导学生进行案例总结，掌握安全事故处理原则要求。
2. 考核学生对安全事故相关规定的理解。
3. 考核学生对安全事故处理程序的理解。
4. 考查学生的现场处置能力和应变能力。

项目二

特殊作业

【应知】

（1）了解特殊作业的定义、分级。
（2）了解安全标志、安全色。
（3）了解特殊作业的特点。
（4）了解特殊作业器具的结构，使用方法及安全技术要求。
（5）熟悉特殊作业的安全技术要求。
（6）熟悉特殊作业现场的作业环境（风速、温度等）基本要求。
（7）熟悉安全设施的结构、功能与维修保养要求。
（8）熟悉作业场所常见的危险、职业危害因素。
（9）掌握个人防护用品种类、标准及使用。
（10）掌握常用工具安全知识。
（11）掌握施工现场消防知识。
（12）掌握施工现场安全用电及外电线路、电器设备防护的安全要求和措施。
（13）掌握自救互救基本知识。
（14）掌握特殊作业人员安全生产的权利和义务。
（15）掌握作业票证的管理要求。
（16）掌握特殊作业与事故预防原则。
（17）掌握特殊作业人员的职业道德和安全职责要求。

【应会】

（1）能够进行常见事故隐患的识别。
（2）能够在作业中及时发现问题并正确处理。
（3）能够熟练进行常见故障的排除。
（4）正确进行个人防护用品和专业安全器具的选择。
（5）能够正确进行个人防护用品和专业安全器具的检查。
（6）能够准确进行个人防护用品及专业安全器具的使用。
（7）能够制定并正确落实紧急情况下的安全措施。
（8）能够进行常见故障判断排除。
（9）能够正确分析典型事故发生原因及制定预防措施。
（10）能够进行自救与进行急救训练。

【项目导言】 

2015 年 3 月 18 日，某化工有限公司在进入受限空间作业过程中，双氧水装置氢化塔发生爆炸，造成现场 4 人死亡、2 人受伤。事故直接原因：氢化塔底塔与其他装置相连的 3 条管道（进料、出料和氢气尾气），只有进料口和出料口处加装了盲板进行隔离，氢气尾气管道没有加装盲板，与上塔和中塔的氢气尾气管道相连通，致使氢气进入塔体内形成爆炸性混合气体。该公司有关人员与催化剂生产厂家技术人员没有办理进入受限空间作业票，违规进入塔体内实施作业，产生点火源引起爆炸。

大量的安全事故暴露出，危化品生产经营单位特殊作业过程，存在对涉及的特殊作业认识不足、特殊作业的风险分析不足、防范措施缺少、特殊作业环节的人员缺乏基本安全意识和技能，现场人员、监护人员重视不够，不能严格按规程办理，对外来施工队伍的安全监管不力（资质、教育、监管）等严重问题。

所以通过获取安全规范、制定管理制度、进行作业前安全教育、持证上岗、授权上岗、现场落实特殊作业安全证、现场确认安全措施并签字、监督作业过程等措施，坚决抓好检维修以及动火、进入受限空间等特殊作业环节的安全管理。

一、教学引导案例

（一）动火作业事故案例

某化学品生产公司利用全厂停车机会进行检修，其中一个检修项目是用气割割断煤气总管后加装阀门。为此，公司专门制定了停车检修方案。检修当天对室外煤气总管（距地面高度约 6m）及相关设备先进行氮气置换处理，约 1h 后从煤气总管与煤气气柜间管道的最低取样口取样分析，合格后就关闭氮气阀门，认为氮气置换结束，分析报告上写着“（氢气＋一氧化碳）＜7%，不爆”。接着按停车检修方案对煤气总管进行空气置换，2h 后空气置换结束。车间主任开始开《动火安全作业证》，独自制定了安全措施后，监火人、动火负责人、动火人、动火前岗位当班班长、动火作业的审批人（未到现场）先后在动火证上签字，约 20min 后（距分析时间已间隔 3h 左右），焊工开始用气割枪对煤气总管进行切割（检修现场没有专人进行安全管理），在割穿的瞬间煤气总管内的气体发生爆炸，其冲击波顺着煤气总管冲出，击中距动火点 50m 外正在管架上已完成另一检修作业准备下架的一名包机工，使其从管架上坠落死亡。

《中华人民共和国安全生产法》规定：生产经营单位进行爆破、吊装等危险作业，应当安排专门人员进行现场安全管理，确保操作规程的遵守和安全措施的落实。该公司在进行动火危险作业时未安排专人进行现场安全管理，动火作业过程中未严格执行《化学品生产单位动火作业安全规范》（AQ 3022—2008），在选取动火分析的取样点、确定动火分析的合格判定标准、分析时间与动火时间的间隔、动火证的办理过程中都存在着严重违章行为，致使煤气总管中残留的易燃易爆性气体，在煤气管道被割穿的瞬间遇点火源而引发管内气体爆炸，导致一名作业人员高处坠落后死亡。

【安全启示】

① 动火作业时公司应安排专门人员进行现场安全管理，以确保操作规程的遵守和安全

措施的落实。

② 应明确在动火作业过程中各个人员的职责，化学品生产单位动火作业应严格执行《化学品生产单位动火作业安全规范》(AQ 3022—2008)：

a. 动火作业时应科学确定动火分析的取样点、取样数量，以及分析数据的准确性。

b. 动火分析的合格判定标准应为：当被测气体或蒸气的爆炸下限大于等于4%时，其被测浓度应不大于0.5%（体积分数）；当被测气体或蒸气的爆炸下限小于4%时，其被测浓度应不大于0.2%（体积分数）。

c. 取样与动火间隔不得超过30min，如超过此间隔或动火作业中断时间超过30min，应重新取样分析。

d. 动火人应参与安全措施的制定、应逐项确认相关安全措施的落实情况；动火作业的审批人是动火作业安全措施落实情况的最终确认人，应到现场了解动火部位及周围情况，检查、完善防火安全措施。

③ 在有多个检修项目同时进行时，应充分分析各项检修项目的危险性及相互间的关联性，对相互间有影响的项目，应制定有针对性的安全措施，明确作业时的相互协调及注意事项。

（二）受限空间作业事故案例

某市化工原料厂碳酸钙车间计划对碳化塔塔内进行清理作业，在车间办公室车间主任安排3名操作人员进行清理，只强调等他本人到现场后方准作业（车间主任在该公司工作时间较长，以往此种作业都凭其经验处理），其中1人先到碳化塔旁，为提前完成任务，冒险进入碳化塔进行清理，窒息昏倒，待其余2人与车间主任赶到现场时，佩戴呼吸器将其救出，但因窒息时间过长已死亡。经检查发现，该公司未制定有关受限空间作业的安全制度。

《中华人民共和国安全生产法》规定：生产经营单位的主要负责人应组织制定本单位的安全生产规章制度和操作规程。该厂制定的危险作业管理制度不全，受限空间作业仅凭经验进行，作业人员为赶进度在未采取任何安全措施的前提下，进入塔内作业，引起事故的发生。

【安全启示】

① 生产经营单位应建立、健全本单位的安全生产规章制度，主要包括两个方面的内容：

a. 安全生产管理方面的规章制度，包括安全生产责任制、安全生产教育、安全生产检查、伤亡事故报告制度、危险作业管理制度、危险物品安全管理、安全设施管理、要害岗位管理、特种作业人员安全管理、安全值班制度、安全生产竞赛办法、安全生产奖惩办法、劳动防护用品的发放办法等；

b. 安全技术方面的规章制度，包括电气安全技术、锅炉压力容器安全技术、建筑施工安全技术、危险场所作业的安全技术管理等。

② 生产经营单位依据《化学品生产单位受限空间作业安全规范》(AQ 3028—2008)结合本单位实际，制定符合要求的《受限空间作业安全规范》。

③ 严格执行《化学品生产单位受限空间作业安全规范》(AQ 3028—2008)，进塔检修时必须办理《进塔入罐许可证》，严格执行进塔入罐的“八个必须”：

a. 必须申请办证，并得到批准；

b. 必须进行安全隔绝；

c. 必须切断动力电，并使用安全灯具；

d. 必须进行置换、通风；

e. 必须按时间要求进行安全分析；

f. 必须佩戴规定的防护用具；

g. 必须有人在器外监护，并坚守岗位；

h. 必须有抢救后备措施。

④ 在布置生产工作的同时，需同时布置相关安全注意事项。

（三）设备检修作业事故案例

某公司净化工段变压吸附岗位气动切断球阀出现异常情况（管道内输送介质为一氧化碳），当班操作工打开旁路，切断变压吸附系统，随后电话通知仪表工段，一名仪表工来变压吸附岗位询问情况后，独自到现场去查找问题，操作人员在操作室操作开关配合，过了一会，仪表工告诉操作人员说阀门出现故障，需要维修。十几分钟后，操作人员到外面看，没有看到人，以为仪表工回去了，便没有在意。大约 3h 后，仪表工段当班的另一名仪表工发现去变压吸附岗位维修的仪表工还未回来，就立即赶到维修现场寻找，发现他躺在变压吸附平台上，随后立即将他送往医院抢救，经诊断确认已死亡。事故发生后经过对其他仪表维修人员的询问发现，维修人员对吸附岗位存在的危险因素和应采取的防范措施都不清楚，也未有人告知。

《中华人民共和国安全生产法》规定：生产经营单位应当向从业人员如实告知作业场所和工作岗位存在的危险因素、防范措施以及事故应急措施。该公司未向仪表维修人员告知在变压吸附岗位维修仪表时存在的危险因素、防范措施，造成仪表维修人员的安全防范意识不强，事故发生时虽然系统已紧急切断，但系统内仍有压力，由于切断球阀阀杆密封垫片密封不严，造成高浓度的一氧化碳泄漏，致使正在现场维修又未采取任何防范措施的仪表维修人员中毒死亡。

【安全启示】

① 生产经营单位应当向从业人员如实告知作业场所和工作岗位存在的危险因素、防范措施以及事故应急措施，如：使用危险化学品的主要危险特性有燃烧性、爆炸性、毒害性、腐蚀性、放射性等；

② 维修前应分析维修过程中存在的危险因素和可能出现的问题，落实相应的安全措施后方准作业；

③ 维修前应由设备使用人员与维修人员共同检查，确认设备、工艺处理等是否满足维修安全要求；

④ 操作人员应严格执行岗位巡回检查制度，定时、定点检查，以便及时发现问题，及时处理。

（四）外单位检修作业事故案例

某化学工业公司委托无资质人员对本公司循环槽（循环槽储存介质挥发物中含有煤气）槽体外壁进行除锈防腐。当时有 3 名工人在循环槽槽盖上用小铁榔头敲打槽盖上的铁锈，几分钟后循环槽突然发生剧烈爆炸，将 3 名工人抛上空中后摔落地面，均当场死亡。

《中华人民共和国安全生产法》规定：生产经营单位不得将生产经营项目、场所、设备发包或者出租给不具备安全生产条件或者相应资质的单位或者个人。该公司违反规定将除锈防腐工程发包给不具备相应资质的个人，由于施工过程中使用铁榔头除锈，在敲打槽盖钢板时产生火花，引爆了循环槽中煤气与空气的混合爆炸性气体，最终导致3人死亡。

【安全启示】

① 生产经营单位应将生产经营项目、场所、设备发包或者出租给具备安全生产条件或者相应资质的单位或者个人，对施工单位的资质严格把关，并明确双方的安全管理责任。

② 生产经营单位应当在有较大危险因素的生产经营场所和有关设施、设备上，设置明显的安全警示标志。

③ 检修前，设备使用单位应对参加检修作业的人员进行安全教育，安全教育主要包括以下内容：

a. 有关检修作业的安全规章制度；

b. 检修作业现场和检修过程中存在的危险因素和可能出现的问题及相应对策；

c. 检修作业过程中所使用个体防护器具的使用方法及使用注意事项；

d. 相关事故案例和经验、教训；

e. 其他应注意事项。

课堂思考

1. 在化工生产中，特种检维修作业安全规范主要有哪些？
2. 上述事故的主要原因有哪些？如何防止和消除？

二、教学讨论案例

结合以上4个案例开展课堂讨论：

1. 企业检维修环节应当制定哪些制度、规程、票证？
2. 企业应当怎样对检维修人员进行培训教育？
3. 如何确保检维修工作制度、票证的落实？

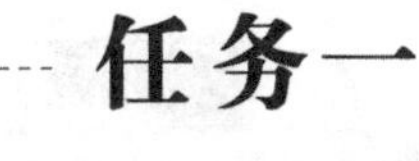

任务一 动火作业

【任务描述】

《国家安全监管总局关于近年来电气焊动火作业引发事故情况的通报》（安监总统计〔2017〕39号）提及：近年来，电气焊动火作业引发事故屡屡发生，危害严重，教训深刻。2010年以来有6起重特大事故、2015年以来有13起较大事故均由于电气焊动火作业引发，其中涉及危化品或罐体装置的占多数。

2017年2月17日，某石化有限公司江南厂区，在汽柴油改质联合装置酸性水罐动火作业过程中发生闪爆事故，造成3人死亡。初步分析事故直接原因为：事故企业春节后复工，组织新建装置试车，对40万吨/年汽油加氢装置催化剂进行硫化，在未检测分析可燃气体的情况下，在酸性水罐顶部进行气割作业，引起酸性水罐内的可燃气体（主要成分为氢气）闪爆。

2015 年 7 月 5 日，某药业有限公司在冷凝水罐顶焊接作业时，未严格履行公司《动火作业安全管理规定》，没有停车也未进行采样分析，在没有确认与动火设备相连接的所有管线是否拆除或加盲板等安全措施的情况下开始动火作业，导致冷凝水罐内甲苯、丁醇等混合气体发生爆炸，造成 3 人死亡，直接经济损失 314.86 万元。另有 9 起事故也存在未制定设备安装维修施工方案、未对危险有害因素做风险辨识及编制风险控制和现场处置方案；对作业条件确认不到位，办理动火作业许可证时未严格落实规定，甚至未办理完动火作业票便进行动火作业等问题。

企业无相关资质、聘用无特种作业资格证人员盲目蛮干也是导致事故发生的原因。2015 年新疆鄯善县“2・2”危险货物空载罐车维修闪爆较大事故（造成 4 人死亡、1 人受伤）等 5 起事故中，事故单位或操作人员存在无焊接或热切割作业特种作业资质、无运输危险化学品资质，或不具备承接危险货物罐车维修技术、能力，无资质操作、违法承接焊接作业等行为。

【相关知识】

知识点　动火作业

一、动火作业类型

在易燃易爆场所（符合 GB 50016、GB 50160、GB 50074 中火灾危险性分类为甲、乙类区域的生产和储存物品的场所）进行能直接或间接产生明火的工艺设置以外的非常规作业，如使用电焊、气焊（割）、喷灯、电钻、砂轮等进行可能产生火焰、火花和炽热表面的非常规作业。图 2-1 为动火作业现场。动火作业主要包括以下类型。

图 2-1　动火作业现场

① 气焊、电焊、铅焊、锡焊、塑料焊等各种焊接作业及气割，等离子切割机、砂轮机、磨光机等各种金属切割作业。

② 使用喷灯、液化气炉、火炉、电炉等明火作业。

③ 烧（烤、煨）管线、熬沥青、炒砂子、铁锤击（产生火花）物件、喷砂和产生火花的其他作业。

④ 生产装置和罐区连接临时电源并使用非防爆电器设备和电动工具。

二、动火作业分级

企业应划定固定动火区及禁火区。固定动火区外的动火作业一般分为二级动火、一级动火、特殊动火三个级别，遇节日、假日或其他特殊情况，动火作业应升级管理。

1. 二级动火作业

除特殊动火作业和一级动火作业以外的动火作业。凡生产装置或系统全部停车，装置经清洗、置换、分析合格并采取安全隔离措施后，可根据其火灾、爆炸危险性大小，经所在单位安全管理部门批准，动火作业可按二级动火作业管理。

2. 一级动火作业

在易燃易爆场所进行的除特殊动火作业以外的动火作业。厂区管廊上的动火作业按一级动火作业管理。

3. 特殊动火作业

在生产运行状态下的易燃易爆生产装置、输送管道、储罐、容器等部位上及其他特殊危险场所进行的动火作业，带压不置换动火作业按特殊动火作业管理。

三、动火作业要求

（一）动火作业基本要求

1.《动火安全作业证》办理

动火作业应办理《动火安全作业证》，进入受限空间、高处等进行动火作业时，还须执行 AQ 3028—2008《化学品生产单位受限空间作业安全规范》和 AQ 3025—2008《化学品生产单位高处作业安全规范》的规定。

2. 现场环境处置

① 动火作业应有专人监火，作业前应清除动火现场及周围的易燃物品，或采取其他有效安全防火措施，并配备消防器材，满足作业现场应急需求。

② 动火点周围或其下方的地面如有可燃物、空洞、窨井、地沟、水封等，应检查分析并采取清理或封盖等措施；对于动火点周围有可能泄漏易燃、可燃物料的设备，应采取隔离措施。高处动火作业应采取防止火花飞溅、散落措施。

③ 动火期间距动火点 30m 内不应排放可燃气体；距动火点 15m 内不应排放可燃液体；在动火点 10m 范围内及动火点下方不应同时进行可燃溶剂清洗或喷漆等作业。

④ 铁路沿线 25m 以内的动火作业，如遇装有危险化学品的火车通过或停留时，应立即停止。

⑤ 使用气焊、气割动火作业时，乙炔瓶应直立放置，氧气瓶与之间距不应小于 5m，二者与作业地点间距不应小于 10m，并应设置防晒设施。

⑥ 作业完毕应清理现场，确认无残留火种后方可离开。

⑦ 五级风以上（含五级）天气，原则上禁止露天动火作业。因生产确需动火，动火作业应升级管理。

3. 相关设备处理

① 凡在盛有或盛装过危险化学品的设备、管道等生产、储存设施及处于 GB 50016、

GB 50160、GB 50074 规定的甲、乙类区域的生产设备上动火作业，应将其与生产系统彻底隔离，并进行清洗、置换，分析合格后方可作业；因条件限制无法进行清洗、置换而确需动火作业时，按特殊动火作业要求规定执行。

② 拆除管线进行动火作业时，应先查明其内部介质及其走向，并根据所要拆除管线的情况制定安全防火措施。

③ 在有可燃物构件和使用可燃物做防腐内衬的设备内部进行动火作业时，应采取防火隔绝措施。

④ 在生产、使用、储存氧气的设备上进行动火作业时，设备内氧含量不应超过 23.5%。

（二）特殊动火作业要求

特殊动火作业在符合动火作业基本要求规定的同时，还应符合以下规定。

① 在生产不稳定的情况下不应进行带压不置换动火作业。

② 应预先制定作业方案，落实安全防火措施，必要时可请专职消防队到现场监护。

③ 动火点所在的生产车间（分厂）应预先通知工厂生产调度部门及有关单位，使之在异常情况下能及时采取相应的应急措施。

④ 应在正压条件下进行作业。

⑤ 应保持作业现场通排风良好。

⑥ 企业分管负责人必须到现场监督动火作业，检查作业风险分析情况、作业现场易燃易爆物品的清理和处置情况。

⑦ 应向所在区（化工园区）安监部门报备。

四、动火分析

作业前应进行动火分析。通过气相色谱等非直接检测 LEL（爆炸下限）的方法进行可燃气体含量分析的动火分析应出具分析报告单（可燃气体分析检测数据为体积分数），并将分析数据填入《动火安全作业证》。动火分析报告单应保存一年，以备查和落实防火措施。

1. 取样点具有代表性

在较大的设备内动火作业，应采取上、中、下取样；在较长的物料管线上动火，应在彻底隔绝区域内分段取样；

在设备外部动火作业，应进行环境分析，且分析范围不小于动火点 10m。

2. 取样分析的时机

动火分析与动火作业间隔一般不超过 30min，如现场条件不允许，间隔时间可适当放宽，但不应超过 60min；

作业中断时间超过 60min，应重新分析，每日动火前均应进行动火分析，特殊动火作业期间应随时进行监测；

采用催化剂燃烧式检测仪直接进行动火分析检测时，氧气含量应当在 19%～23.5%（体积分数）之间；

动火部位存在有毒有害介质的，应对其浓度作检测分析，若含量超过车间空气中有害物质最高容许浓度时，应采取相应的安全措施；

用便携式可燃气体检测仪或其他类似手段进行分析时，检测设备应经标准气体用品标定合格。

3. 分析合格的判定标准

当被测气体或蒸气的爆炸下限大于等于4%时，其被测浓度应不大于0.5%（体积分数）；

当被测气体或蒸气的爆炸下限小于4%时，其被测浓度应不大于0.2%（体积分数）；

在生产、使用、储存氧气的设备上进行动火作业时，设备内氧含量不应超过23.5%。

五、完工验收

动火作业完毕，动火人和监火人以及参与动火作业的人员应清理现场，监火人确认无残留火种后方可离开。

【任务实施】

一、作业人员的选择

1. 动火作业负责人的职责（申请人）

① 负责办理《动火安全作业证》并对动火作业负全面责任。

② 应在动火作业前详细了解作业内容和动火部位及周围情况，参与动火安全措施的制定、落实，向作业人员交代作业任务和防火安全注意事项。

③ 作业完成后，组织检查现场，确认无遗留火种后方可离开现场。

2. 动火人的职责

① 应参与风险危害因素辨识和安全措施的制定。

② 应逐项确认相关安全措施的落实情况。

③ 应确认动火地点和时间。

④ 若发现不具备安全条件时不得进行动火作业。

⑤ 应随身携带《动火安全作业证》。

3. 监火人的职责

① 负责动火现场的监护与检查，发现异常情况应立即通知动火人停止动火作业，及时联系有关人员采取措施。

② 应坚守岗位，不准脱岗；在动火期间，不准兼做其他工作。

③ 当发现动火人违章作业时应立即制止。

④ 在动火作业完成后，应会同有关人员清理现场，清除残火，确认无遗留火种后方可离开现场。

4. 动火部位负责人的职责

① 对所属生产系统在动火过程中的安全负责。参与制定、负责落实动火安全措施，负责生产与动火作业的衔接。

② 检查、确认《动火安全作业证》审批手续，对手续不完备的《动火安全作业证》应及时制止动火作业。

③ 在动火作业中，生产系统如有紧急或异常情况，应立即通知停止动火作业。

5. 动火分析人的职责

动火分析人对动火分析方法和分析结果负责。应根据动火点所在车间的要求，到现场取样分析，在《动火安全作业证》上填写取样时间和分析数据并签字。不得用合格等字样代替分析数据。

6. 动火审批人的职责

动火作业的审批人是动火作业安全措施落实情况的最终确认人，对自己的批准签字负责。审查《动火安全作业证》的办理是否符合要求。到现场了解动火部位及周围情况，检查、完善防火安全措施。

二、作业票证的办理

表 2-1 为《动火安全作业证》格式。

表 2-1 《动火安全作业证》格式

申请单位		申请人		作业证编号	
动火作业级别		动火方式			
动火地点					
动火时间	自 年 月 日 时 分始至 年 月 日 时 分止				
动火作业负责人				动火人	
动火分析时间	年 月 日 时			年 月 日 时	年 月 日 时
分析点名称					
分析数据					
分析人					
涉及的其他特殊作业					
危害辨识					
序号	安全措施				确认人
1	动火设备内部构件清理干净，蒸汽吹扫或水洗合格，达到用火条件				
2	断开与动火设备相连接的所有管线，加盲板（ ）块				
3	动火点周围的下水井、地漏、地沟、电缆沟等已清除易燃物，并已采取覆盖、铺沙、水封等手段进行隔离				
4	罐区内动火点同一围堰和防火间距内的油罐不同时进行脱水作业				
5	高处作业已采取防火花飞溅措施				
6	动火点周围易燃物已清除				
7	电焊回路线已接在焊件上，把线未穿过下水井或其他设备搭接				
8	乙炔气瓶（直立放置）、氧气瓶与火源间的距离大于 10m				
9	现场配备消防蒸汽带（ ）根，灭火器（ ）台，铁锹（ ）把，石棉布（ ）块				
10	其他安全措施：				
生产单位负责人		监火人		动火初审人	
实施安全教育人					
申请单位意见		签字：	年 月 日 时 分		
安全管理部门意见		签字：	年 月 日 时 分		
动火审批人意见		签字：	年 月 日 时 分		
动火前，岗位当班班长验票		签字：	年 月 日 时 分		
完工验收		签字：	年 月 日 时 分		

① 特殊动火、一级动火、二级动火的《动火安全作业证》应以明显标记加以区分。

②《动火安全作业证》办证人须按《动火安全作业证》的项目逐项填写，不得空项。然后根据动火等级，按规定的审批权限办理审批手续，最后将办理好的《动火安全作业证》交动火项目负责人。

③ 办理好《动火安全作业证》后，动火作业负责人应到现场检查动火作业安全措施落

实情况，确认安全措施可靠并向动火人和监火人交代安全注意事项后，方可批准开始作业。

④《动火安全作业证》实行一个动火点、一张动火证的动火作业管理。

⑤《动火安全作业证》不得随意涂改和转让，不得异地使用或扩大使用范围。

⑥《动火安全作业证》一式三联，二级动火《动火安全作业证》由审批人、动火人和动火点所在车间操作岗位各持一份存查；一级和特殊《动火安全作业证》由动火点所在车间负责人、动火人和主管安全（防火）部门各持一份存查；《动火安全作业证》保存期限至少为1年。

⑦ 特殊动火作业和一级动火作业的《动火安全作业证》有效期不超过8h。二级动火作业的《动火安全作业证》有效期不超过72h，每日动火前应进行动火分析。

⑧ 动火作业超过有效期限，应重新办理《动火安全作业证》。

三、危害识别与控制措施

动火作业前，动火作业所在单位应针对作业内容，组织工艺、设备、安全、消防、监护及施工方等相关人员进行危害识别，并在危害识别的基础上，提出动火作业的主要安全措施。动火作业风险和主要安全措施应告知动火作业人员、监护人员等相关人员。主要安全措施应在动火作业前落实确认。

动火作业危险源辨识主要集中在以下几点。

1. 易燃易爆有害物质

① 动火设备、管道内的物料清洗、置换，经分析合格。

② 储罐动火，清除易燃物，罐内盛满清水或惰性气体保护。

③ 设备内通氮气或水蒸气保护。

④ 塔内动火，将石棉布浸湿，铺在相邻两层塔盘上进行隔离。

⑤ 入受限空间动火，必须办理《受限空间作业证》。

2. 火星窜入其他设备或易燃物侵入动火设备

切断与动火设备相连通的设备管道，并加盲板，挂牌，并办理《抽堵盲板作业证》。

3. 动火点周围有易燃物

① 清除动火点周围易燃物，动火附近的下水井、地漏、地沟、电缆沟等清除易燃物后予封闭。

② 电缆沟动火，清除沟内易燃气体、液体，必要时将沟两端隔绝。

4. 泄漏电流（感应电）危害

电焊回路线应搭接在焊件上，不得与其他设备搭接，禁止穿越下水道（井）。

5. 火星飞溅

① 高处动火办理《高处作业证》，采取措施防止火花飞溅。

② 注意火星飞溅方向，用水冲淋火星落点。

6. 气瓶间距不足或放置不当

① 氧气瓶、乙炔气瓶间距不小于5m，二者与动火地点之间均不小于10m。

② 气瓶不准在烈日下曝晒，溶解乙炔气瓶禁止卧放。

7. 电、气焊工具有缺陷

动火作业前，应检查电、气焊工具，保证安全可靠，不准带病使用。

8. 作业过程中，易燃物外泄

动火过程中，遇有跑料、串料和易燃气体，应立即停止动火。

9. 通风不良

① 室内动火，应将门窗打开，周围设备应遮盖，密封下水漏斗，清除油污，附近不得有用溶剂等易燃物质的清洗作业。

② 采用局部强制通风。

10. 未定时监测

① 取样与动火间隔不得超过30min，如超过此间隔或动火作业中断时间超过30min，必须重新取样分析。

② 采样点应有代表性，特殊动火的分析样品应保留至动火结束。

③ 动火过程中，中断动火时，现场不得留有余火，重新动火前应认真检查现场条件是否有变化，如有变化，不得动火。

11. 监护不当

① 监火人应熟悉现场环境和检查确认安全措施落实到位，具备相关安全知识和应急技能，与岗位保持联系，随时掌握工况变化，并坚守现场。

② 监火人随时扑灭飞溅的火花，发现异常立即通知动火人停止作业，联系有关人员采取措施。

12. 应急设施不足或措施不当

① 动火现场备有灭火工具（如蒸汽管、水管、灭火器、砂子、铁锨等）。

② 固定泡沫灭火系统进行预启动状态。

13. 涉及危险作业组合，未落实相应安全措施

若涉及下釜、高处、抽堵盲板、管道设备检修作业等危险作业时，应同时办理相关作业许可证。

14. 施工条件发生变化

施工作业现场条件发生重大变化时，应重新办理《动火安全作业证》。

四、安全措施的落实

① 参照有关标准、规范，结合企业实际制定动火安全管理制度。动火作业实行“三不动火”原则，即无动火作业许可证不动火、动火监护人不在现场不动火、防护措施不落实不动火。

② 明确企业动火作业管理应遵循消除、替代、隔离、减弱的风险控制理念，优先考虑采取把需要动火的设备管道移出易燃易爆区域，或者使用非冷作业替代的方式尽量避免在易燃易爆区域进行动火作业，最大可能减少易燃易爆设备、区域的动火作业数量。

③ 企业应明确固定动火区和禁火区域范围，对动火作业实行分级管理。

④ 动火作业施工区域应设置警戒线，与动火作业无关人员及设备不应进入动火区域；动火作业人员应在动火点的上风向作业，并避开介质和封堵物可能射出的方向。

⑤ 必须进行风险分析、制定施工安全方案、落实安全防火措施。动火作业时，生产部主管领导、安全员、安全管理部门人员、主管领导必须到现场，消防队到现场监护。

⑥ 动火作业前，必须按照规定进行动火分析，并符合合格标准。安全员要通知大班长，

使之在异常情况下能及时采取相应的应急措施。

动火作业过程中，必须设专人负责监视生产系统内压力变化情况，使系统压力保持稳定，如出现异常情况必须立即停止作业，查明原因并采取措施后方可继续动火作业，严禁负压动火作业。动火作业现场的通排风要良好，以保证泄漏的气体能顺畅排走。

⑦ 动火负责人和安全员持办理好的《动火安全作业证》到现场，检查动火作业安全措施落实情况，确认安全措施可靠并向实施人和监护人交代安全注意事项后，将《动火安全作业证》交给动火实施人。必须由动火作业人员随身携带。所有作业人员必须清楚工作内容，特别是有关部门签署的意见。

⑧ 作业人员必须按要求穿戴劳保用品，持有相应的资格证；在进行焊接、切割作业前，必须清除周围可燃物质，设置警戒线，悬挂明显标识，不得擅自扩大动火范围。

⑨ 进行电焊作业时，要检查接头、线路完好，防止漏电产生事故。

a. 气焊作业时，氧气瓶与乙炔气瓶间的距离应保持在5m以上，气瓶与动火点距离应保持在10m以上，检查气管完好。

b. 高处焊接、切割作业时，需安放接火盆，防止火花溅落；同时，要清除下方所有的可燃物，地沟、阴井、电缆等要加以遮盖。

c. 可燃气体带压不置换动火时，要有作业方案，并落实安全措施。同时，设备内压力不得小于0.098MPa，不得超过1.5691MPa，以保证不会形成负压。

d. 设备内氧含量不得超过0.5%。否则，不得进行动火作业。

⑩ 动火作业应实行全程视频监控。动火作业录像至少保留三个月。

⑪ 企业安全管理部门和企业消防管理部门的各级领导、专职安全和消防管理人员有权随时检查动火作业情况。在发现违反动火管理制度的动火作业或危险动火作业时，有权收回《动火安全作业证》，停止动火，并根据违章情节，由企业安全管理部门对违章者进行严肃处理。

五、作业许可证的审批

1. 审批权限

各级动火审批人应亲临现场检查，督促动火单位和施工单位落实防火措施后，方可审签许可证。

特殊动火作业的《动火安全作业证》由主管厂长或总工程师审批。

一级动火作业的《动火安全作业证》由主管安全（防火）的部门负责人审批。

二级动火作业的《动火安全作业证》由动火点所在车间主管负责人审批。

2. 审批程序与要求

① 新建项目需要动火时，施工单位（含承包商）提出动火申请，动火地点所在单位负责办理动火作业许可证，并指派动火监护人。

② 施工动火作业涉及其他管辖区域时，由所在管辖区域单位领导审查会签，双方单位共同落实安全措施，各派一名动火监护人，按动火级别进行审批后，方可动火。

③ 一张动火作业许可证只限一处动火，实行一处（一个动火地点）、一证（动火作业许可证）、一人（动火监护人），不能用一张许可证进行多处动火作业。

④ 动火作业结束后，应进行完工验收，由动火作业所在单位在“完工验收栏”中

签字。

⑤ 动火作业许可证不应随意涂改和转让，不应变更作业内容、扩大使用范围、转移作业部位或异地使用。

⑥ 动火作业内容变更、作业范围扩大、作业地点转移或超过有效期限，以及作业条件、作业环境条件或工艺条件改变时，应重新办理动火作业许可证。

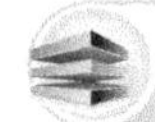

六、作业过程中的监护

1. 监护要求

① 动火作业过程中，必须设专人负责监视生产系统内压力变化情况，使系统压力保持稳定，如出现异常情况必须立即停止作业，查明原因并采取措施后方可继续动火作业，严禁负压动火作业。

② 动火作业应设监护人，备有灭火器；作业时，禁止无关人员进入动火现场。在甲类禁火区进行动火作业，项目负责人要按规定提前通知专业消防人员到现场协助监护。

2. 对动火作业监护人资格及要求

① 动火作业监护人应具备相应资格，企业安全管理部门负责动火监护人专项培训和考试，对合格人员授予动火监护资格。未取得监护资格的不得从事动火作业的现场监护工作。

② 动火监护人应了解动火区域或岗位的生产过程，熟悉工艺操作和设备状况；应有较强的责任心，出现问题能正确处理；应有处理应对突发事故的能力。

③ 应在安全技术人员和单位领导的指导下，逐项检查落实防火措施；检查动火现场情况。

④ 监火时应佩戴明显标志。当发现动火部位与《动火安全作业证》不相符合，或者动火安全措施不落实时，动火监护人有权制止动火；当动火出现异常情况时有权停止动火；对动火人不执行“三不动火”又不听劝阻时，有权收回《动火安全作业证》，并报告有关领导。

⑤ 动火监护人监火过程中不得擅自离开动火现场，确需离开现场时，动火监护人收回《动火安全作业证》，暂停动火。

七、作业完成后的验收

作业人员离开动火现场时，应及时切断施工使用的电源和熄灭遗留下来的火源，不留任何隐患。

作业完成后，工完料净场地清，做好现场的清洁卫生工作。

八、动火器具的日常维护保养

① 动火作业器具的使用、保管、维护、试验必须按照国家、行业有关标准和要求，保证动火作业器具的性能良好、符合规定。

② 常用的动火作业器具：电焊机、氧气瓶、乙炔瓶、砂轮机、警告标示牌、安全帽、

安全带等。

③ 动火作业器具由设备部专人负责管理，具体负责动火作业器具的保管、备品添置、定期校验、更换损坏器具等工作。

④ 动火作业器具由设备部专人建立动火作业器具台账，做到账、卡、物相符，保证动火作业器具完好、有效、可用。

⑤ 动火作业器具应保持清洁、干燥，摆放整齐，轻拿轻放，防止意外损坏。

⑥ 个人保管的动火作业器具应挂放在个人工具橱或工具架上，摆放整齐，保持干燥、清洁，不外借、不违章使用。动火作业器具发现有缺陷时，应及时退出使用。

⑦ 严禁使用无厂家标识、无产品许可证、无产品合格证的“三无”产品。

⑧ 在使用过程中发现动火作业器具有质量问题，必须查明原因，评估认可后方可继续使用。

⑨ 所有的动火作业器具必须按有关标准、导则的规定检查、试验。

⑩ 凡检验合格的动火作业器具必须粘贴合格标签。凡检验不合格或损坏的动火作业器具，不得继续使用，必须立即上交或销毁。

⑪ 备用中的动火作业器具检验周期与现场使用者相同。

⑫ 动火作业器具因使用、保管不当损坏导致使用中造成未遂事故或事故，追究保管人的责任。

⑬ 动火作业器具使用前，工作负责人或监护人必须指定专人进行检查，凡因使用不合格的动火作业器具造成未遂事故或事故，应追究工作负责人、监护人和检查人的责任。

⑭ 检查中发现动火作业器具保管、使用不当或超期未做试验，应追究有关人员的责任。

【考核评价】

一、判断题

1. 在封闭的空间内实施焊接及切割时，气瓶及焊接电源必须放置在封闭空间的外面。(　　)

2. 在进行焊接及热切割操作的地点必须配置足够的干粉灭火器。(　　)

3. 严禁在动火点周围5m内存放易燃、易爆物品，确实无法清除时，必须采取可靠的隔离或防护措施。(　　)

4. 电焊机的外壳必须可靠接地，接地电阻不得大于4MΩ，严禁多台焊机串联接地。(　　)

5. 乙炔气瓶必须每五年检验一次，必须装设专用的减压器、回火防止器。气瓶内的气体不得用尽。(　　)

6. 清理焊渣时，必须戴上白光眼镜，并避免对着人的方向敲打焊渣。(　　)

7. 用尽的氧气、乙炔气瓶可以混合横向运输，但必须有充足的防震圈。(　　)

8. 乙炔、氧气橡胶软管可以互换使用，但是严禁与电线、电焊线并行敷设或交织在一起。(　　)

9. 在工作地点，氧气和乙炔瓶需保持5m以上距离，最多只许有两个氧气瓶，两个均可以投入工作。(　　)

10. 在工作现场，可以直接将气瓶用一道铁丝绑定在固定栏杆和结构上。(　　)

二、问答题

1. 动火工作票各级审批人员的职责是什么？

2. 动火工作负责人的职责是什么？

3. 动火执行人的安全职责是什么？

4. 禁止动火条件有哪些？

5. 动火工作一般措施都有哪些？

参考答案：

一、判断题

1. （√） 2. （√） 3. （√） 4. （√） 5. （×） 6. （√） 7. （×） 8. （×） 9. （×） 10. （×）

二、问答题

1. 动火工作票各级审批人员的职责是什么？

审查工作的必要性和安全性。

审查申请工作时间的合理性。

审查工作票上所列安全措施正确、完备。

审查工作负责人、动火执行人符合要求。

指定专人测定动火部位或现场可燃性、易爆气体含量或粉尘浓度符合安全要求。

2. 动火工作负责人的职责是什么？

正确安全地组织动火工作。

确认动火安全措施正确、完备、符合现场实际条件，必要时进行补充。

核实动火执行人持允许进行焊接与热切割作业的有效证件，核实使用各类工具等产生明火及火花技工的资质，督促其在动火工作票上签名。

向有关人员布置动火工作，指出危险点、危险因素、危险后果，交代防范措施、防火和灭火措施。

始终监督现场动火工作。

办理动火工作票开工和终结手续，落实防火和灭火措施，组织办理工作间断、间断复工和终结手续。

清除动火区域的易燃易爆物品、隔断火种的耐火材料、灭火器材（品种）等。

动火工作间断和终结时检查现场无残留火种、确认间断复工重新测定可燃性、易爆气体含量或粉尘浓度合格。动火工作结束后，将动火工作结束时间和现场清理情况填入动火工作票及备注栏内。

3. 动火执行人的安全职责是什么？

在动火前必须收到经审核批准且允许动火的动火工作票。

核实动火时间、动火部位。

做好动火现场及本工种要求做好的防火措施。

全面了解动火工作任务要求，在规定的时间、范围内进行动火测试，合格后再进行动火作业。

发现不能保证动火安全时应停止动火，并报告部门（车间）领导。

动火间断、终结时清理并检查现场无残留火种。

4. 禁止动火条件有哪些？

油船、油车停靠区域。

压力容器或管道未泄压前。

存放易燃易爆物品的容器未清理干净，或未进行有效置换前。

作业现场附近堆有易燃易爆物品，未做彻底清理或者未采取有效隔离等安全措施前。

风力达五级以上进行露天动火作业。

附近有与明火作业相抵触的工种在作业。

遇有火险异常情况未查明原因和清除前。

带电设备未停电前。

在内部情况不明的设备、管道等作业。

高处作业未采取防人身坠落和物体坠落的安全防范措施前。

在密闭容器内进行焊接作业，氧含量低于19.5%。

按照国家和政府部门有关规定必须禁止动用明火的。

5. 动火工作一般措施都有哪些？

动火作业前应清除动火现场、周围及上、下方的易燃易爆物品。

高处动火应采取防止火花溅落措施，并应在火花可能溅落的部位安排监护人。

动火作业现场应配备足够、适用、有效的灭火设施、器材，明确其配备的种类和数量。

必要时应辨识危害因素，进行风险评估，编制安全工作方案及火灾现场处置预案。

各级人员发现动火现场消防安全措施不完善、不正确或在动火作业过程中发现危害或有违反规定现象时，应立即制止动火作业，并报告消防管理或安监部门。

任务二 受限空间作业

【任务描述】

石油化工企业在装置新建、改造、生产、抢修、检维修过程中，经常要进入受限空间作业。作业过程中，如果防范措施不到位，就有可能发生火灾、爆炸、中毒、窒息等事故。因麻痹大意、违章作业，导致的事故数不胜数。

根据国家安全监管总局统计，2001年到2009年8月，我国在受限空间作业中因中毒、窒息导致的一次死亡3人及以上的事故总数为668起，死亡人数共2699人，每年平均300多人。2011年，我国在工贸行业发生受限空间较大事故15起，共死亡57人，分别占工贸企业较大以上事故起数和死亡人数的37.5%和35%。

通过对2006～2010年国家安全生产监督管理总局通报的34起受限空间施救不当事故进行统计，结果表明，反应釜是受限空间施救不当事故的易发场所，共10起，占22.73%；施救不当引发二次事故造成救援人员死亡数量约为一次事故人员死亡的2.10倍；造成救援人员伤亡的主要原因是中毒、窒息的有33起，占97.06%。

对2012年以来国内60起受限空间作业较大事故进行的统计分析，死亡212人，受伤77人，结果表明：中毒或窒息事故占绝大多数，特别是救援死亡人数几乎全部集中在中毒或窒息事故中；每年的3～8月是受限空间事故的高发期；地下受限空间是事故的高发和高危区域；硫化氢、一氧化碳和氮气等介质的危险性相对较高。

因此，必须对受限空间作业危险性较大的事故类型、发生时间、区域及介质进行分析、重点管理，并针对性地制订风险控制措施，切实减少事故的发生。

【相关知识】

知识点一 受限空间作业

一、受限空间作业

进入或探入化学品生产单位的受限空间［化学品生产单位的各类塔、釜、槽、罐、炉膛、锅筒、管道、容器以及地下室、窨井、坑（池）、下水道或其他封闭、半封闭场所］进行的作业。

进入受限空间作业，过去的安全管理制度上称为进罐作业或进入设备作业，叫法上有些局限性。现在所称的“受限空间”是指生产区域内的炉、塔、釜、罐、仓、槽车、管道、烟道、隧道、下水道、沟、坑、井、池、涵洞等封闭、半封闭的设施及场所。图 2-2 为受限空间作业现场。

图 2-2 受限空间作业现场

因此国家应急管理部对受限空间安全作业出台了五条规定：

① 必须严格实行作业审批制度，严禁擅自进入受限空间作业。

② 必须做到“先通风、再检测、后作业”，严禁通风、检测不合格作业。

③ 必须配备个人防中毒窒息等防护装备，设置安全警示标识，严禁无防护监护措施作业。

④ 必须对作业人员进行安全培训，严禁教育培训不合格上岗作业。

⑤ 必须制定应急措施，现场配备应急装备，严禁盲目施救。

二、受限空间作业安全要求

1. 受限空间安全作业证

受限空间作业实施作业证管理，作业前应办理《受限空间安全作业证》。

2. 安全隔绝

① 受限空间与其他系统连通的可能危及安全作业的管道应采取有效隔离措施。

② 管道安全隔绝可采用插入盲板或拆除一段管道进行隔绝，不能用水封或关闭阀门等代替盲板或拆除管道。

③ 与受限空间相连通的可能危及安全作业的孔、洞应进行严密的封堵。

④ 受限空间带有搅拌器等用电设备时，应在停机后切断电源，上锁并加挂警示牌。

3. 清洗或置换

受限空间作业前，应根据受限空间盛装（过）的物料特性，对受限空间进行清洗或置换，并达到下列要求：

① 氧含量一般为18%～21%，在富氧环境下不得大于23.5%。

② 有毒气体（物质）浓度应符合GBZ 2.1—2007的规定。

③ 可燃气体浓度：当被测气体或蒸气的爆炸下限大于等于4%时，其被测浓度不大于0.5%（体积分数）；当被测气体或蒸气的爆炸下限小于4%时，其被测浓度不大于0.2%（体积分数）。

4. 通风

应采取有效措施，保持受限空间空气良好流通。

① 打开人孔、手孔、料孔、风门、烟门等与大气相通的设施进行自然通风。

② 必要时，可采取强制通风。

③ 采用管道送风时，送风前应对管道内介质和风源进行分析确认。

④ 禁止向受限空间充氧气或富氧空气。

5. 监测

① 作业前30min内，应对受限空间进行气体采样分析，分析合格后方可进入。

② 分析仪器应在校验有效期内，使用前应保证其处于正常工作状态。

③ 采样点应有代表性，容积较大的受限空间，应采取上、中、下各部位取样。

④ 作业中应定时监测，至少每2h监测一次，如监测分析结果有明显变化，则应加大监测频率；作业中断超过30min，应重新进行监测分析，对可能释放有害物质的受限空间，应连续监测。情况异常时应立即停止作业，撤离人员。经对现场处理，并取样分析合格后方可恢复作业。

⑤ 涂刷具有挥发性溶剂的涂料时，应做连续分析，并采取强制通风措施。

⑥ 采样人员深入或探入受限空间采样时应采取下面规定的防护措施。

6. 个体防护措施

受限空间经清洗或置换不能达到规定的要求时，应采取相应的防护措施方可作业。

① 在缺氧或有毒的受限空间作业时，应佩戴隔离式防护面具，必要时作业人员应拴带救生绳。

② 在易燃易爆的受限空间作业时，应穿防静电工作服、工作鞋，使用防爆型低压灯具及不发生火花的工具。

③ 在有酸碱等腐蚀性介质的受限空间作业时，应穿戴好防酸碱工作服、工作鞋、手套等防护品。

④ 在产生噪声的受限空间作业时，应佩戴耳塞或耳罩等防噪声护具。

7. 照明及用电安全

① 受限空间照明电压应小于等于36V，在潮湿容器、狭小容器内作业电压应小于等于12V。

② 使用超过安全电压的手持电动工具作业或进行电焊作业时，应配备漏电保护器。在

潮湿容器中，作业人员应站在绝缘板上，同时保证金属容器接地可靠。

③ 临时用电应办理用电手续，按 GB/T 13869《用电安全导则》规定架设和拆除。

8. 监护

① 受限空间作业，在受限空间外应设有专人监护。

② 进入受限空间前，监护人员会同作业人员检查安全措施，统一联系信号。

③ 在风险较大的受限空间作业，应增设监护人员，并随时保持与受限空间作业人员的联络。

④ 监护人员不得脱离岗位，并应掌握受限空间作业人员的人数和身份，对人员和工器具进行清点。

三、进入受限空间采样分析

（一）取样和检测

① 凡是有可能存在缺氧、富氧、有毒有害气体、易燃易爆气体、粉尘等，事前应进行气体检测，注明检测时间和结果。受限空间内气体检测的结果报出 30min 后，仍未开始作业，应重新进行检测。如作业中断，再进入之前应重新进行气体检测。

② 取样和检测应由培训合格的人员进行；必须使用国家现行有效的分析方法及检测仪器；检测仪器应在校验有效期内，每次使用前后应检查。

③ 由工艺技术人员安排当班人员带领采样分析人员到现场按确定的采样点进行取样。取样应有代表性，应特别注意作业人员可能工作的区域。取样点应包括空间顶部、中部和底部。取样时应停止任何气体吹扫。测试次序应是氧含量、易燃易爆气体、有毒有害气体。

④ 取样长杆插入深度原则上应符合一般容器取样插入深度为 1m 以上；在较大容器中取样插入深度 3m 以上；在各种气柜、储油罐、球罐中取样插入深度 4m 以上。

⑤ 色谱分析必须用球胆取样，并多次置换干净后送化验室做分析。样品必须保留到作业结束为止，以便复查。

⑥ 做安全分析或塔内、罐内取样时，第一个样必须用铜制的长杆取，取样时人必须站在取样点的侧面和上风口，头不能伸进人孔内，要与人孔处保持一定安全距离。

⑦ 当取样人员在受限空间外无法完成足够取样，需进入空间内进行初始取样时，应制定特别的控制措施，经属地负责人审核批准后，携带便携式的多气体报警器；存在硫化氢的受限空间，必须携带便携式的硫化氢报警器。

⑧ 进入受限空间首次气体分析和按要求的频率分析时必须使用色谱法分析，进入后的连续气体检测可使用便携式气体检测报警仪。气体环境可能发生变化时，应重新进行气体采样分析。

（二）检测标准

① 受限空间内外的氧浓度应一致；若不一致，在进入受限空间之前，应确定偏差的原因，氧浓度应保持在 19.5%～23.5%。

② 不论是否有焊接、敲击等，受限空间内易燃易爆气体或液体挥发物的浓度都应满足以下条件：

a. 当爆炸下限≥4%时，浓度≤0.5%（体积分数）；

b. 当爆炸下限<4%时，浓度≤0.2%（体积分数）；

c. 同时还应考虑作业的设备是否带有易燃易爆气体（如氢气）或挥发性气体。

③ 受限空间内有毒、有害物质浓度超过国家规定的“车间空气中有毒物质的最高允许浓度”的指标时，不得进入或应立即停止作业。

知识点二 受限空间作业危险性分析

受限空间内可能盛装过或积存有毒有害、易燃易爆物质，如果工艺处理不彻底，或者对需要进入的设备未有效隔离，导致可燃气体、有毒有害气体残留或窜入等，若作业时对作业活动的危险性认识不足、采取措施不力、违章操作等，就可能发生着火、爆炸、中毒窒息事故；受限空间内可能有各种机械动力、传动、电气设备，若处理不当、操作失误等，可能发生机械伤害、触电等事故；当在受限空间内进行高空作业时，可能造成高空坠落事故。

一、典型案例分析

[案例一] 2008年2月23日上午8:00左右，某有限公司对气化装置的煤灰过滤器（S1504）内部进行除锈作业。在没有对作业设备进行有效隔离、没有对作业容器内氧含量进行分析、没有办理进入受限空间作业许可证的情况下，作业人员进入煤灰过滤器进行作业，10:30左右，1名作业人员窒息晕倒坠落作业容器底部，在施救过程中另外3名作业人员相继窒息晕倒在作业容器内。随后赶来的救援人员在向该煤灰过滤器中注入空气后，将4名受伤人员救出，其中3人经抢救无效死亡，1人经抢救脱离生命危险。

[案例二] 某化工有限公司2011年4月18日，企业将惰性气送入气柜，约8400m^3后，气柜进口水封加水封住，全厂开始停车检修。4月18日开始对利旧的旋风除尘器内部进行防火水泥浇筑作业，计划工期4天。4月19日旋风除尘器并入工艺系统，即：出口已通过下游的废热锅炉、洗气塔及煤气总管与气柜相连；进口与上游5台造气炉相连。4月21日6:30，工人进入旋风除尘器内部作业。8:00左右，在设备顶部作业的工人发现一名设备内部作业人员趴在用于作业临时扎制的架子上，呼唤没有反应，便立即汇报。在等待救援的过程中，另2名人员也出现中毒症状。基建科科长接到汇报后，向厂领导进行了汇报，并打120急救电话报警，随后厂领导等人也赶到现场展开事故救援。

在设备内部作业的1名人员被紧急送到医院，经抢救无效死亡；另2名人员处于重伤昏迷状态进行医院治疗。

[案例三] 2012年2月23日上午11:40左右，某钢铁股份有限公司三加压站转炉煤气柜在改造大修过程中发生煤气中毒事故，造成6人死亡、7人受伤。据初步分析，该起事故发生的原因是：施工人员在不了解回流管道内存在煤气的情况下，将加压站至煤气柜回流管盲板处的法兰螺栓拆除，导致盲板下移，致使回流管道内的煤气倒灌进入煤气柜，造成煤气柜内作业人员煤气中毒。

综合上述案例可以发现，受限空间作业主要特点是：

① 受限空间作业场所一般通风不畅，不利于有害气体扩散，照明不够、通信不畅，严重影响作业和紧急救援；

② 作业风险高，一旦发生事故容易造成作业或救援人员死亡等严重后果；

③ 部分作业场地非常狭窄，造成施救困难，甚至对施救人员造成伤害。

二、受限空间危险分析

（一）受限空间危害因素

作业涉及众多行业领域，所涉及的危害因素包括窒息、中毒、燃爆、物理伤害等。由于作业环境复杂，不确定的危险因素多，施救困难，一旦遇险则极易造成严重后果。

1. 气体伤害

受限空间内的有害气体可能导致人员的窒息与中毒，以及爆炸和火灾等事故的发生。受限空间的中毒窒息事故主要来自聚集的一氧化碳气体、硫化氢气体和惰性气体。此外，受限空间可燃性气体聚集与空气所形成的混合气体容易达到燃烧爆炸极限，能够产生更为严重的二次事故。

2. 物理伤害

物理伤害通常伴随受限空间内多余且有害的能量流动。伤害经常由狭小空间内的固体物料或压力作用下流动的液体造成。此外，固定的机械设备可能会使作业工人跌倒或困住。意外掉落进受限空间的物体不仅会直接威胁到工人的安全，受限空间本身也会限制工人的规避动作。平滑的表面、极端温度、极端噪声、光线不足都是会使工作环境恶化的物理伤害因素。

3. 化学、生物、辐射伤害

受限空间内残留的有毒有害的废弃物和生产原材料等物质同样会威胁到作业工人的生命与健康。

（二）进入受限空间安全要求

受限空间由于出入口较为狭窄或空间处于相对封闭、半封闭状态，所以作业人员进入该场所，会出现系列伤害事故发生。所有进入受限空间应满足以下要求：

① 应对生产装置或作业区域进行辨识，确定受限空间的数量、位置，建立受限空间清单并根据作业环境、工艺设备变更等情况不断更新。

② 应针对辨识出的每个受限空间，预先制定安全工作方案（HSE 作业计划书）。每年应对所有的安全工作方案进行评审。

③ 对于用钥匙、工具打开的或有实物障碍的受限空间，打开时应在进入点附近设置警示标识。无需工具、钥匙就可进入或无实物障碍阻挡进入的受限空间，应设置固定的警示标识。所有警示标识应包括提醒有危险存在和须经授权才允许进入的词语。

④ 经辨识为特殊受限空间的作业，必须经公司主管领导和有关部门、属地及作业单位共同进行风险评价，制定可靠的安全工作方案、安全措施和应急预案，采取特殊防护措施并有效落实，在作业前组织模拟演练后方可实施作业。

⑤ 未明确定义为“受限”的空间，如把头伸入 30cm 直径的管道洞口、氮气吹扫过的罐内，应纳入受限空间作业管理。

⑥ 受限空间进入前，应进行清理、清洗。清理、清洗受限空间的方式包括但不限于：

a. 清空；

b. 清扫（如冲洗、蒸煮、洗涤和漂洗）；

c. 中和危害物；

d. 置换。

【任务实施】

一、作业人员的选择

1. 现场作业负责人职责

① 对受限空间作业负全面责任。

② 在受限空间作业环境、作业方案和防护措施及防护用品达安全要求后，方可安排人员进入受限空间作业。

③ 在受限空间及其附近发生异常情况时应停止作业。

④ 检查、确认应急准备情况，核实内外联络及呼叫方法。

⑤ 对未经允许试图进入或已经进入受限空间者进行劝阻或责令退出。

2. 作业人员的职责

① 负责在保障安全的前提下进入受限空间实施作业任务，作业前应了解作业内容、地点、时间、要求，熟知作业中的危害因素和应采取的安全措施。

② 确认安全防护措施落实情况。

③ 遵守受限空间作业安全操作规程，正确使用受限空间作业安全设施与个体防护用品，禁止携带作业器具以外的物品进入受限空间。

④ 应与监护人进行必要的、有效的安全、报警、撤离等双向信息交流。

⑤ 服从作业监护人的指挥，如发现作业监护人员不履行职责时，应停止作业并撤出受限空间。

⑥ 在作业中如出现异常情况或感到不适或呼吸困难时，应立即向作业监护人发出信号，迅速撤离现场，严禁在有毒、窒息环境中摘下防护面罩。

⑦ 作业结束后，应清点工具、清理现场，不得遗留安全隐患。

3. 监护人员职责

① 监护人员应熟悉作业场所的环境、工艺情况，有判断和处理异常情况的能力，懂急救知识。

② 对作业票中安全措施的落实情况进行认真检查，发现制定的措施不当或落实不到位等情况时，应当立即制止作业。

③ 监护人员应清楚进入受限空间作业人数，并与作业人员确定联络信号。在出入口处保持与作业人员的联系，当发现异常时，立即向作业人员发出撤离警报，在采取有效的防护措施后，帮助作业人员从受限空间逃生，同时立即呼叫紧急救援。

④ 监护人员要随时携带受限空间安全作业票及后续分析单并负责保管。

⑤ 监护人员在作业期间不得擅离现场或做与监护无关的事；当发现违章行为或意外情况时，应及时制止作业。

⑥ 作业完成后，协助施工单位清点人数和工具、检查作业现场，确认无安全隐患。监护人员由申请单位指派，施工单位可根据作业需要增派监护人员。

4. 申请单位作业负责人职责

① 负责作业方案、安全措施及特殊工种资质审查，向作业人员交代作业任务和安全注意事项，并确认安全措施的落实情况，随时纠正违章作业。

② 在受限空间作业环境、作业方案和防护设施及用品达到安全要求后，方可安排人员

进入受限空间作业。作业完成后，负责完工验收。

③ 负责受限空间的气体分析委托。

5. 施工单位作业负责人或领导职责

负责施工作业风险削减措施的制定、审查和落实，向作业人员交代作业任务和安全注意事项，并监督执行；负责在作业票上签署意见。

6. 申请单位作业负责人或领导职责

必须到现场了解进入受限空间地点及周围环境情况，审查作业票上的措施是否全面并得到落实后，方可签字批准进入受限空间作业。

二、作业票证的办理

表 2-2 为《受限空间安全作业证》格式。

表 2-2 《受限空间安全作业证》格式

<table>
<tr><td>申请单位</td><td colspan="3"></td><td>申请人</td><td></td><td>作业证编号</td><td></td></tr>
<tr><td>受限空间所属单位</td><td colspan="3"></td><td colspan="2">受限空间名称</td><td colspan="2"></td></tr>
<tr><td>作业内容</td><td colspan="3"></td><td colspan="2">受限空间内原有介质名称</td><td colspan="2"></td></tr>
<tr><td>作业时间</td><td colspan="7">自　年　月　日　时　分始至　年　月　日　时　分止</td></tr>
<tr><td>作业单位负责人</td><td colspan="7"></td></tr>
<tr><td>监护人</td><td colspan="7"></td></tr>
<tr><td>作业人</td><td colspan="7"></td></tr>
<tr><td>涉及的其他特殊作业</td><td colspan="7"></td></tr>
<tr><td>危害辨识</td><td colspan="7"></td></tr>
<tr><td rowspan="6">分析</td><td>分析项目</td><td>有毒有害介质</td><td>可燃气</td><td>氧含量</td><td rowspan="2">时间</td><td rowspan="2">部位</td><td rowspan="2">分析人</td></tr>
<tr><td>分析标准</td><td></td><td></td><td></td></tr>
<tr><td rowspan="4">分析数据</td><td></td><td></td><td></td><td></td><td></td><td></td></tr>
<tr><td></td><td></td><td></td><td></td><td></td><td></td></tr>
<tr><td></td><td></td><td></td><td></td><td></td><td></td></tr>
<tr><td></td><td></td><td></td><td></td><td></td><td></td></tr>
<tr><td>序号</td><td colspan="6">安全措施</td><td>确认人</td></tr>
<tr><td>1</td><td colspan="6">对进入受限空间危险性进行分析</td><td></td></tr>
<tr><td>2</td><td colspan="6">所有与受限空间有联系的阀门、管线加盲板隔离，列出盲板清单，落实盲板抽堵责任人</td><td></td></tr>
<tr><td>3</td><td colspan="6">设备经过置换、吹扫、蒸煮</td><td></td></tr>
<tr><td>4</td><td colspan="6">设备打开通风孔进行自然通风，温度适宜人员作业；必要时采用强制通风或佩戴空气呼吸器，不能用通氧气或富氧空气的方法补充氧</td><td></td></tr>
<tr><td>5</td><td colspan="6">相关设备进行处理，带搅拌机的设备已切断电源，电源开关处加锁或挂“禁止合闸”标志牌，设专人监护</td><td></td></tr>
<tr><td>6</td><td colspan="6">检查受限空间内部已具备作业条件，清罐时(无需用/已采用)防爆工具</td><td></td></tr>
<tr><td>7</td><td colspan="6">检查受限空间进出口通道，无阻碍人员进出的障碍物</td><td></td></tr>
<tr><td>8</td><td colspan="6">分析盛装过可燃、有毒液体、气体的受限空间内的可燃、有毒有害气体含量</td><td></td></tr>
<tr><td>9</td><td colspan="6">作业人员清楚受限空间内存在的其他危险因素，如内部附件、集渣坑等</td><td></td></tr>
<tr><td>10</td><td colspan="6">作业监护措施：消防器材(　)、救生绳(　)、气防装备(　)</td><td></td></tr>
<tr><td>11</td><td colspan="6">其他安全措施：
编制人：</td><td></td></tr>
<tr><td>实施安全教育人</td><td colspan="3"></td><td colspan="2"></td><td colspan="2"></td></tr>
<tr><td colspan="4">申请单位意见</td><td colspan="2">签字：</td><td colspan="2">年　月　日　时　分</td></tr>
<tr><td colspan="4">审批单位意见</td><td colspan="2">签字：</td><td colspan="2">年　月　日　时　分</td></tr>
<tr><td colspan="4">完工验收</td><td colspan="2">签字：</td><td colspan="2">年　月　日　时　分</td></tr>
</table>

①《受限空间安全作业证》由作业部门负责到安全管理部门办理，格式见表2-2。《受限空间安全作业证》所列项目应逐项填写，安全措施栏应填写具体的安全措施。

②《受限空间安全作业证》应由受限空间所在部门负责人审批。

③ 一处受限空间、同一作业内容办理一张《受限空间安全作业证》，当受限空间工艺条件、作业环境条件改变时，应重新办理《受限空间安全作业证》。

④《受限空间安全作业证》要认真填写、妥善保管，作业结束后，要及时将《受限空间安全作业证》交回安全管理部门审核备查存档。《受限空间安全作业证》保存期限至少为1年。

三、危害识别的告知

受限空间内存在有缺氧、高温、有毒有害、易燃易爆气体等隐患，安全措施不到位，易发生燃烧、爆炸，可造成人员伤亡等事故。受限空间作业可能存在风险，需要采取相应措施。

1. 隔绝不可靠

① 与该设备连接的物料、蒸汽、气管线使用盲板隔断，并办理《盲板抽堵作业证》。

② 拆除相关管线。

2. 机械伤害

办理设备停电手续，切断设备动力电源，挂“禁止合闸”警示牌，专人监护。

3. 置换不合格

置换完毕后，取样分析至合格。

4. 氧气不足

设备内氧含量应达18%～21%，富氧环境下不应大于23.5%。

5. 通风不良

① 打开设备通风孔进行自然通风。

② 采用强制通风。

③ 佩戴空气呼吸器或长管面具。

④ 采用管道空气送风，通风前必须对管道内介质和风源进行分析确认，严禁通入氧气补氧。

⑤ 设备内温度需适宜人员作业。

6. 未定时监测

① 作业前30min内，必须对设备内气体采样分析，合格后方可进入设备。

② 采样点应有代表性。

③ 作业中应加强定时监测，情况异常立即停止作业。

7. 触电危害

① 设备内照明电压应小于等于36V，在潮湿容器、狭小容器内作业应小于等于12V。

② 使用超过安全电压的手持电动工具，必须按规定配备漏电保护器。

8. 防护措施不当

① 在有缺氧、有毒环境中，佩戴隔离式防毒面具。

② 在易燃易爆环境中，使用防爆型低压灯具及不发生火花的工具，不准穿戴化纤织物；

③ 在酸碱等腐蚀性环境中，穿戴好防腐蚀护具、扒渣服、耐酸靴、耐酸手套、护目镜。

9. 通道不畅

设备进出口通道，不得有阻碍人员进出的障碍物。

10. 监护不当

① 进入设备前，监护人应会同作业人员检查安全措施，统一联系信号。

② 监护人随时与设备内取得联系，不得脱离岗位。

③ 监护人用安全绳拴住作业人员进行作业。

11. 应急设施不足或措施不当

① 设备外备有空气呼吸器、消防器材和清水等相应的急救用品。

② 设备内事故抢救时，救护人员必须做好自身防护方能进入设备内实施抢救。

12. 涉及危险作业组合，未落实相应安全措施

若涉及动火、高处、盲板抽堵等危险作业时，应同时办理相关作业许可证。

13. 施工条件发生变化

施工条件发生重大变化，应重新办理《受限空间安全作业证》。

14. 设备内遗留异物

设备内作业结束后，认真检查设备内外，不得遗留工具及其他物品。

四、安全措施的落实

落实进入受限空间作业的安全防范措施，主要考虑两个方面的问题：一是进入受限空间的作业条件，如作业点周围的环境，包括氧气含量、可燃气体含量、有毒气体含量等是否合格，以及受限空间内残存的易燃易爆、有毒有害固体废弃物等是否已经清除干净；二是受限空间的隔离情况，需要作业的受限空间是否与其他系统完全隔断，成为一个独立的系统。

（一）隔断

① 停止危险设备的运行和使用，对设备与外界连接的管道、设施进行可靠隔绝，并挂牌，如装设盲板、拆卸连接部位，不能用水封或阀门等代替盲板或拆除管道。

② 对动力电源的切断，应采用取下保险熔丝或将电源开关拉下后上锁等措施，并加挂警示牌。

（二）清扫、置换和清理

① 对危险设备可靠切断后，打开设备上所有人孔、手孔、放散阀、排空阀、出气阀、料孔和炉门等。

② 根据危险设备内的介质类型如蒸汽、水、热水，采用机械通风或自然通风等方式进行介质的清扫和置换；如危险设备内有非导电性液体（如苯、乙醚等）时，为防止静电产生、导致事故，必须将设备进行可靠性接地，充入水蒸气时应尽量低压、低速导入。

③ 危险设备内的残留物必须尽量排放或移液、清理干净。

（三）采样、分析或检测

检修作业人员进入危险设备内前，要通知单位安全部门对设备的状况进行分析或检测，并符合下列条件：

① 受限制空间内的空气质量应当与空间外的相同，氧浓度保持在19.5%～23.5%范围之间。

② 可燃性气体浓度应在爆炸下限浓度的5%以下。

③ 有毒气体或粉尘浓度低于国家规定的卫生标准或低于允许进入的时间及浓度。

④ 对危险设备内的气体或粉尘进行取样分析或检测，不得早于进入设备作业前30min，取样要有代表性，不留死角；工作中断后，作业人员再次进入前应重新采样分析或检测；作业期间应每隔2h取样复查一次，也可同时选用有效的便携式检测仪对受限空间进行连续检测，如有一项不合格，应立即停止作业。

⑤ 使用具有挥发性溶剂、涂料时应做连续性分析检测，并加强通风措施。

（四）照明及用电安全要求

① 进入危险设备内作业的照明电压应使用不高于36V的安全电压，狭小或潮湿场所应使用不高于12V的安全电压；使用的电动工具必须装有防触电的电气保护装置。

② 在易燃易爆作业环境中应使用防爆型低压灯具和电动工具，电气线路必须绝缘良好，无断线接头，电源接头无松动，防止产生电气火花造成事故；作业人员不得穿戴化纤类等易产生静电的工作服。

③ 在有酸碱等腐蚀性作业环境中，应穿戴好防护用品，在设备外部应设有应急用的冲洗装置和水源等。

④ 在设备内多层交叉作业应搭设脚手架、安全作业平台，作业人员应正确穿戴劳动防护用品。

⑤ 设备内作业严禁抛掷工具、材料，也不得将工具、材料等物品放置在人孔边上或设备顶部，以防坠物伤人。

⑥ 在设备内进行焊接作业时，应使用干燥绝缘垫。进行气割、气焊时，要使用不漏气的设备，并加强对设备内乙炔和氧气的使用管理，保证设备内部通风良好。

（五）还应满足的其他要求

① 受限空间外应设置安全警示标志，备有空气呼吸器（氧气呼吸器）、消防器材和清水等相应的应急用品。

② 受限空间出入口应保持畅通。

③ 作业前后应清点作业人员和作业工器具。

④ 作业人员不应携带与作业无关的物品进入受限空间；在有毒、缺氧环境下不应摘下防护面具；不应向受限空间充氧气或富氧空气；离开受限空间时应将气割（焊）工器具带出。

⑤ 难度大、劳动强度大、时间长的受限空间作业应采取轮换作业方式。

⑥ 作业结束后，受限空间所在单位和作业单位共同检查受限空间内外，确认无问题后方可封闭受限空间。

⑦ 最长作业时限不应超过24h，特殊情况超过时限的应办理作业延期手续。

五、作业票证的审批

受限空间作业应严格执行“先检测、再审批、后作业”的程序，作业中还应根据作业环境可能发生的变化实施持续检测或动态检测。在未准确测定氧气含量、有害气体、可燃性气体、粉尘的浓度前，或经检测上述物质浓度不达标或超标而未采取有效的防控手段时，严禁进入该场所。

（一）进入受限空间作业的分级

按其作业环境的危险程度将进入受限空间作业划分为一级、二级两个等级。

1. 一级进入受限空间作业

符合下列条件之一，为一级进入受限空间作业：

① 进入须采取有毒有害气体隔离、吹扫、置换措施的受限空间内作业；

② 进入氧含量19.5%～23.5%范围以外的受限空间内作业；

③ 进入需充氮保护的受限空间作业；

④ 进入有可能集聚有毒有害气体空间内作业。

一级受限空间作业许可手续办理，由作业项目责任单位安全管理部门作业前提出书面申请（申请须附带详细作业方案、安全措施、组织机构等），公司设备管理部门、生产管理部门、总工程师办公室、公安部门、安全环保部门审查同意后签署意见方可执行。

2. 二级进入受限空间作业

除一级进入受限空间作业之外，其他均为二级进入受限空间作业。

二级受限空间作业许可手续办理，由动火作业项目负责人或车间（作业区）负责人办理手续，所属单位负责人或安全管理部门依据有关规定批准。

（二）受限空间作业审批程序

① 作业负责人向受限空间所属单位安全管理部门提出申请，所属单位安全管理部门接到申请后应根据本单位有关规定和现场实际情况作出是否具备基本作业安全条件的定性结论，并告知作业负责人。如结论为“否”，则本流程终止，不得作业；如结论为“是”，单位安全管理部门则应向作业负责人发放空白《受限空间安全作业证》，并指导其填写。

② 对于一级危险受限空间，作业负责人应通知相关人员进行检测。对于二级危险受限空间，由安全管理部门进行检测。

③ 检测完成后，检测人员将检测结果和检测结论填入《受限空间安全作业证》中，签字确认，并将检测时所取样品封存保管（样品至少保留8h)。

④ 所属单位安全管理人员、作业负责人共同确定、安排好作业监护人，向作业人员、监护人员交代必要的安全知识、气防知识、器具使用及急救常识，并组织落实防护措施。交代完毕、防护措施落实后，作业人、监护人共同在《受限空间安全作业证》中签字确认。

⑤ 检测合格、措施落实到位后，作业负责人在《受限空间安全作业证》上签署意见，并将《受限空间安全作业证》报审批单位签字批准后，方可开始作业。其中一级危险受限空间《受限空间安全作业证》由公司负责人签署意见，二级危险受限空间《受限空间安全作业证》由所属单位安全管理部门负责人审批（必要时，应由单位负责人签署意见）。

六、作业过程中的监护

受限空间作业必须有专人监护。受限空间外应配备空气呼吸器、消防器材、安全绳和相应的急救用品和装置。

① 进入设备前，监护人应会同作业人员检查安全措施，统一联系信号。

② 险情重大的受限空间作业，应增设监护人员，并随时与受限空间取得联系。

③ 监护人员不得脱离岗位。

④ 监护人员一旦发现有异常情况发生，应立即召集急救人员穿戴好防护器具进行抢救，不得无防护措施情况下盲目进入抢救。

⑤ 受限空间作业应根据设备具体情况搭设安全梯及架台，并配备救护绳索，确保应急撤离需要。

七、作业完成后的验收

① 竣工验收时，工完料净、场地清，做好现场的清洁卫生工作。进入受限空间作业任务完成以后，监护人员应对进入受限空间内的作业人员人数进行清点；作业人员和监护人员要将受限空间内的作业工具、消防气防器材、废弃物等全部带离作业现场，不能有遗漏。

② 作业任务完成后，监护人还应向主管领导报告，并向当班人员交代作业任务的完成情况和作业现场的工艺状况，以便操作人员进行巡检和操作。

对化工装置清理、反应釜内检修、油罐清罐等较大项目的作业，作业任务全部完成以后，单位主管人员应编制“封罐、投用检查表”，组织生产、设备、安全等专业人员，对检修作业项目逐一进行检查，对遗留在受限空间的作业工具、器具、螺栓、垫片等材料进行彻底清查。检查无误，各检查人员在“封罐、投用检查表”上签字确认后，方可封罐投用。

③ 使用单位和施工单位双方要执行验收交接手续，双方负责人现场检查，质量符合检修标准，安全装置恢复齐全，在《受限空间作业许可证》上签字后正式移交。作业结束后，《受限空间作业许可证》由作业单位保管、备查。

八、受限空间作业器具

进入受限空间作业应采取如下防护措施，并配备相应安全器具：

①缺氧或有毒的受限空间经清洗或置换仍达不到要求的，应佩戴隔离式呼吸器，必要时应拴带救生绳；

② 易燃易爆的受限空间经清洗或置换仍达不到要求的，应穿防静电工作服及防静电工作鞋，使用防爆型低压灯具及防爆工具；

③ 酸碱等腐蚀性介质的受限空间，应穿戴防酸碱防护服、防护鞋、防护手套等防腐蚀护具；

④ 有噪声产生的受限空间，应佩戴耳塞或耳罩等防噪声护具；

⑤ 有粉尘产生的受限空间，应佩戴防尘口罩、眼罩等防尘护具；

⑥ 高温的受限空间，进入时应穿戴高温防护用品，必要时采取通风、隔热、佩戴通信设备等防护措施；

⑦ 低温的受限空间，进入时应穿戴低温防护用品，必要时采取供暖、佩戴通信设备等措施。

【考核评价】

一、判断题

1. 将风管放在受限空间出入口进行通风。(　　)

2. 可以使用氧气对密闭设备进行气体置换。(　　)

3. 作业前，检测人员应使用扩散式气体检测报警仪在受限空间外对气体进行检测。(　　)

4. 在受限空间内进行某些涂刷、切割等作业，作业中会产生的有毒有害物质只是少量的，不会对人体产生太大影响，因此在作业期间不用对受限空间持续通风。(　　)

5. 在受限空间底部要重点检测甲烷。(　　)

6. 受限空间中有机物分解，氧气被细菌消耗，但不会导致缺氧。(　　)

7. 化学物质可能会从化学品储罐、天然气管道、法兰、阀门等处泄漏，并进入受限空间中，形成缺氧、可燃性气体、有毒气体等多种危险环境。(　　)

8. 接触高浓度的硫化氢或氯气都可立即引起人员“电击样”死亡。(　　)

9. 施救人员必须熟知救援环境、救援技能和方法。不具备救援条件，或不能保证施救人员的生命安全时，禁止盲目施救。(　　)

10. 进入金属容器和特别潮湿、工作场地狭窄的非金属容器内作业，照明电压≤220V，需使用电动工具或照明电压>12V时，应按规定安装漏电保护器。(　　)

二、论述题：作为监护人或者同事，发现有人在受限空间内晕倒，我能做什么，不能做什么？要求思路清晰，步骤先后关系明确。

参考答案：

一、判断题

1. × 2. × 3. × 4. × 5. × 6. × 7. √ 8. √ 9. √ 10. ×

二、论述题

参考要点：

不能做：盲目施救、长时间逗留现场。

能做：①适时撤离；②呼救；③上报；④监测；⑤迅速制定方案施救；⑥其他一般急救措施。

要点是先危险辨识、后施救。

任务三 盲板抽堵作业

【任务描述】

石油化工生产具有工艺流程连续性强、设备管道紧密相连的特点，设备与管道间由各种阀门进行控制，如果阀门出现内漏，在设备或管道检验时，仅仅关闭阀门来与生产系统进行隔离，往往是不可靠的，这时盲板是最有效的隔离手段。在动火、进入受限空间作业等过程中，因未采取有效的隔绝措施而造成火灾、爆炸、中毒、窒息等事故的教训很多。

[案例一] 某石化公司液化气车间发生中毒窒息事故。2005年2月16日，某石化公司液化气车间1500t/a硫黄回收装置尾气烟道烧穿，紧急停工处理。停工后车间技术员深入炉内检查。大约5min后，监护人员发现炉内没动静，立即进入炉中将技术员救出，送往医院

抢救无效死亡。

事故间接原因：车间没有指定专人负责盲板封堵工作，未建立盲板抽堵登记表，没有隔断制硫炉顶与二级转化反应器入口管线相连的二级掺和阀。

［**案例二**］ 山东省某化肥厂提前拆盲板造成爆炸事故。1986 年 5 月 22 日，山东某化肥厂因供电网停电而检修，凌晨 3:00，系统停车后，2 名操作工根据安全检修的要求，在铜洗氨吸收塔出口阀上加堵了盲板，白班铜洗再生器内检修工作一直没有问题，19:00 检修人员去吃饭，此时，铜洗副工段长不了解再生器内作业情况，带领 1 名操作工把铜洗氨吸收塔出口阀上的盲板拆掉，事后又不向有关人员报告。晚饭后，检修工在再生器内继续进行检修工作，致使 22:15 半水煤气气柜充气放水封开车时，半水煤气顺回收管线倒入再生器管道，由于阀门泄漏半水煤气倒入再生器内，它与空气混合达到爆炸范围，因电焊火花而引发化学爆炸。气浪把检修工人从 7m 高的平台上吹落，当场死亡 3 人，经抢救无效死亡 1 人，另有 5 人轻伤。

【相关知识】

知识点一 盲板抽堵作业

盲板抽堵作业是指在设备抢修、检修及设备开停工过程中，设备、管道内可能存有物料（气、液、固态）及一定温度、压力情况时的盲板抽堵，或设备、管道内物料经吹扫、置换、清洗后的盲板抽堵。图 2-3 为盲板抽堵作业现场。

图 2-3 盲板抽堵作业现场

盲板抽堵作业按专业分生产类、安全类两类。

生产类盲板抽堵作业：公用工程系统、界区物料管线及设备隔离盲板抽堵作业。装置内工艺管线、设备隔离盲板抽堵作业。

安全类盲板抽堵作业：检修动火、受限空间、隔离盲板抽堵作业。

一、盲板

1. 盲板的分类

从外观上看分为：板式平板盲板、8 字盲板、插板以及垫环（插板和垫环互为盲通）。

按盲板法兰密封面分：平面（FF）、突面（RF）、凹凸面（MFM）、榫槽面（TG）、环连接面（RJ）。

按生产材料分：碳钢、合金钢、不锈钢。

图 2-4 为典型盲板图。

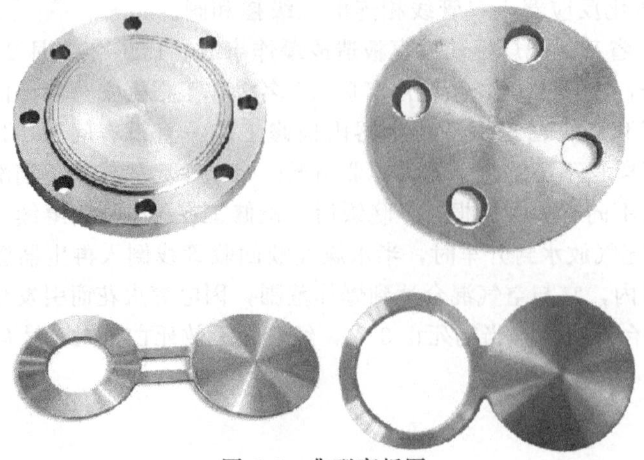

图 2-4 典型盲板图

2. 盲板材质规格要求

盲板的制作，以钢板为准，应留有手柄，便于抽堵和检查，最好做成眼睛式的，一端为盲板、另一端为垫圈，使用方便，标志明显。不准用石棉板、马口铁皮或油毡纸等材料代用。盲板要有足够的强度，其厚度一般应不小于管壁厚度。

加盲板的位置，应加在有物料来源的阀门后部法兰处，盲板两侧均应有垫片，并把紧螺栓，以保持严密性。不带垫片，会不严密，也会损坏法兰。

① 盲板选材要适宜、平整、光滑，经检查无裂纹和孔洞，高压盲板应经探伤合格。

② 盲板的直径应依据管道法兰密封面直径制作，厚度要经强度计算，压力等级不低于盲板任一侧管道管件的压力等级。

③ 一般盲板应有一个或两个手柄，便于辨识、抽堵，8 字盲板可不设手柄。

④ 应按管道内介质、压力、温度选用合适的材料做盲板垫片。

⑤ 检修动火、受限空间、隔离盲板可根据管线内介质压力情况、管道法兰密封面直径考虑临时盲板制作的厚度。

二、盲板抽堵作业安全要求

① 盲板抽堵作业实施作业证管理，作业前应办理《盲板抽堵安全作业证》，没有得到批准不准进行盲板抽堵作业。

② 盲板抽堵作业人员应经过安全教育和专门的安全培训，并经考核合格。

③ 生产车间（分厂）应预先绘制盲板位置图，对盲板进行统一编号，并设专人统一指挥作业。

④ 作业人员应对现场作业环境进行有害因素辨识，并制定相应的安全措施。

⑤ 应根据管道内介质的性质、温度、压力和管道法兰密封面的口径等选择相应材料、强度、口径和符合设计、制造要求的盲板及垫片。高压盲板使用前应经超声波探伤，并符合 JB/T 450 的要求。

⑥ 作业单位应按图进行盲板抽堵作业，并对每个盲板设标牌进行标识，标牌编号应与盲板位置图上的盲板编号一致。生产车间（分厂）应逐一确认并做好记录。

⑦ 盲板抽堵作业时，作业点压力应降为常压，应设专人监护，监护人不得离开作业现场。

⑧ 在作业复杂、危险性大的场所进行盲板抽堵作业，应制定应急预案。

⑨ 在有毒介质的管道、设备上进行盲板作业抽堵时，系统压力应降到尽可能低的程度，作业人员应按 GB/T 11651 的要求选用防护用具。

⑩ 在易燃易爆场所进行盲板抽堵作业时，作业人员应穿防静电工作服、工作鞋，并应使用防爆灯具和防爆工具；距盲板抽堵作业地点 30m 内不得有动火作业；工作照明应使用防爆灯具；作业时应使用防爆工具，禁止用铁器敲打管线、法兰等。

⑪ 在强腐蚀性介质的管道、设备上进行盲板抽堵作业时，作业人员应采取防止酸碱灼伤的措施。

⑫ 在介质温度较高、可能对作业人员造成烫伤的情况下，作业人员应采取防烫措施。

⑬ 高处盲板抽堵作业应按 AQ 3025—2008《化学品生产单位高处作业安全规范》的规定进行。

⑭ 不得在同一管道上同时进行两处及两处以上的盲板抽堵作业。

⑮ 作业结束，由盲板抽堵作业单位、生产车间（分厂）专人共同确认。

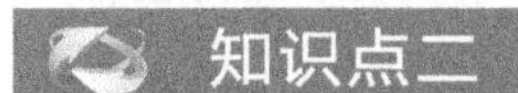

知识点二 作业风险分析

一、典型事故案例

［**案例一**］ 2013 年 4 月 25 日 15:30，某建设有限公司在位于某石蜡化工有限公司 DCC 联合分厂气分装置局部检修现场，发生一起中毒事故，导致 3 人死亡，直接经济损失 250 万元。

（1）直接原因　某建设有限公司蜡化工程项目部 3 名作业人员在盲板抽堵作业时，在现场专职安全管理人员不在现场的情况下，未佩戴防毒面具，擅自进行违规作业，是导致事故的直接原因。

（2）间接原因

① 某建设有限公司蜡化工程项目部 3 名作业人员在盲板抽堵作业前未按照《中华人民共和国安全生产法》第五十一条和《化学品生产单位盲板抽堵作业安全规范》（中华人民共和国安全生产行业标准 AQ 3027—2008）第 5.4 条相关规定，对施工现场作业环境未进行认真的有害因素辨识，就由关某在《盲板抽堵作业安全许可证》中“作业前检查意见”一栏没有填写任何内容的情况下确认签字，也没有按照《安全协议书》第 6.2 条第 2 款“乙方在施工前，要制定安全施工方案”的规定。

② 某建设有限公司未落实与石蜡化工有限公司签订的《安全协议书》（2013 年）第 6.2 条和《承包商 HSE 安全承诺书》第 2 条的规定，委派现场专职安全管理人员。石蜡化工有限公司虽委派现场监护人员，但由于监护人员去寻找作业人员，造成了施工现场无人监管。

③ 某建设有限公司分公司将 2013 年石蜡化工有限公司生产装置维护保运工程项目分包给不具备资质的自然人孙某，且未签订承包合同和安全生产协议，未明确双方安全生产方面的权利和义务，即由孙某雇用临时工人进行现场施工作业，违反了双方签订的《安全协议书》第 6.2 条第 9 款和第 13 款和《安全生产法》第四十一条和第八十六条的规定。

④ 某建设有限公司蜡化工程项目部安全管理混乱，未认真落实安全生产责任制和相关制度，未委派现场专职安全管理人员，未落实与石蜡化工有限公司签订的《生产装置维护保运协议书》第六条“安全责任”和《安全协议书》（2013 年）第 6.2 条的相关安全规定；未落实《某石蜡化工有限公司生产装置保运工程 HSE 管理（措施）方案》第 5.3.1 条、第 5.3.2 条和第 7.1 条的规定，未落实《承包商 SHE 安全承诺书》第 2 条和第 5 条的承诺。

⑤ 某建设有限公司分公司安全管理机构不健全，不认真落实安全生产责任制和相关制度，安全管理缺失，石蜡化工有限公司生产装置维护保运工程项目负责人无任职手续，职责不清，未对蜡化工程项目部安全生产进行有效监管，“一包了之”，违反了《安全生产法》第十七条和第十九条的规定。

⑥ 某建设有限公司未对所属分公司和其所属项目建立健全各项安全生产责任制和规章制度的情况进行有效监督，更未对石蜡化工有限公司施工现场安全生产情况进行指导、检查和考核，与石蜡化工有限公司签订的各种安全协议“一签了之”，没有认真执行和落实，对违法分包现象未及时发现和制止。

⑦ 石蜡化工有限公司未对某建设有限公司执行安全生产法律、法规、规章制度及各项协议的情况进行有效的监督、检查和管理，未将与某建设有限公司签订的《安全协议书》（2013 年）第 5.1 条和第 5.2 条相关规定落实到位，施工现场安全监管不到位，《盲板抽堵作业安全许可证》填写不规范，培训和管理不到位。

［案例二］ 2003 年 5 月 27 日 4:50 左右，山东某化工厂停产大检修，重碱车间在距地面 4m 多高的管道加盲板的过程中，由于管内结疤，民工刘某和于某虽然松开螺母，但盲板仍插不进去。于是，刘某就用撬杆撬，于某在法兰口用楔子撑。此时，法兰之间仅有 4 个螺栓，这 4 个螺栓当中，1 个螺栓仅有 2 扣带在螺母上，其余 3 个螺栓仅有 1 扣带在螺母上。这时，于某的楔子掉下去 1 个，另一职工郭某让地面待命（现场服务）的孙某去捡掉下来的楔子，孙某捡楔子时，刘某仍用力敲法兰，致使 4 个螺母脱开，法兰移出，使 U 形管下部的塑料管断开，继而带有几个弯头和短管（铸铁）的组合管坠落，坠落后的组合管砸伤捡楔子的孙某，孙某送医院后抢救无效死亡。

1. 事故原因分析

（1）车间领导违章指挥　经调查，该车间安排了正式职工和几名民工共同进行抽加盲板的作业。而在距地面 4m 多高处抽加盲板是一项集工艺、机械、起重技术于一体的综合性作业，民工的本职工作是进行清塔，不具备从事技术工作的能力，领导安排民工进行这项工作属违章指挥，是事故发生的主要原因。

（2）作业人员违反操作规程　安全操作规程中明确规定：抽加盲板工作要有专人负责，根据设备、管道内的介质、压力、温度以及现场条件，制定必要的安全措施，办好《盲板抽堵安全作业证》，向参与工作的成员详细交代检修任务和安全措施；对所要拆落的管道，如距支架较远、悬臂太长有可能断裂的，应将管道的两端吊稳或加临时支架。而该检修项目没有制定合理的安全措施，没有监护人，而且是对距地面 4m 多高处的 U 形管道（一段为塑料；另一段为铸铁，直径为 35cm，重量为 500kg 的管子）加盲板。对于这种一段塑料、另一段铸铁的 U 形管，当连接螺栓松动（卸螺栓，加盲板）时，有断落的可能，应按照盲板抽堵安全操作规程在铸铁管一端进行吊拉。作业者没有进行吊拉，是事故的又一个主要原因。

（3）职工的安全意识淡薄　刘某和于某知道下面有人捡楔子，尤其在法兰螺栓仅有 1～2 扣的情况下，还用力撬法兰；孙某明知上面有人作业、敲打管子，却没有采取任何安全措施就到管子下捡楔子，是事故发生的又一原因。

（4）车间安全管理人员对现场监督管理不够　车间安全管理人员在夜间施工过程中，没有加强巡回检查，对民工的违章操作行为没及时发现制止。

2. 事故教训

（1）加强对外来务工人员的管理　招工时招的什么工种，就应该让其干什么工作，需要从事其他技术工作时，必须对其进行技能培训且培训合格后才能上岗。严格执行《中华人民共和国安全生产法》有关规定：用人单位必须对从业人员进行安全教育和培训 。

（2）杜绝违章指挥，加强现场监督管理。

二、盲板抽堵作业风险分析与安全措施

（一）盲板抽堵作业危害因素

1. 盲板本身给系统带来的影响

假如盲板本身有缺陷或者其材质、厚度达不到要求，或者安装不规范，如所加垫片分歧格等，就有可能起不到有效的隔离作用。比如 2004 年 10 月 11 日，某市化肥厂停工检修，重点焊补合成氨系统碳化清洗塔。从 9：00 开始，对系统进行了泄压、置换、上盲板隔离、清洗、透风，塔内气体取样分析合格。9：45，焊工开始动火作业，15min 以后，焊接处发生爆炸，焊工当场被炸死，其助手重伤。后经多方分析和调查，发现与生产系统相连的一个盲板上有穿透性裂缝，该裂缝泄漏了可燃性气体，引起了本次动火的爆炸事故。另外，假如盲板强度不够，在使用过程中可能会发生破裂，失去隔离的作用，所以对盲板本身的检查尤其应该引起注意，切不可以为加了盲板就万无一失了。

2. 盲板拆装作业的危害因素

盲板拆装作业本身有可能发生物体打击、高空坠落、火灾、爆炸、中毒窒息等事故。

在作业过程中，如工作人员站位不好、使用工具有缺陷、操作失误、有关人员配合不好等，有可能发生物体打击事故。在高处作业时，若使用的劳动防护用品分歧格或使用不正确，如安全带、脚手架缺陷等，有可能发生高处坠落事故；高处作业时，操作失误也可能发生高处坠物，砸坏下部的设备、管线，或者砸伤人员。若系统置换、清洗不彻底，残留易燃易爆或有毒有害介质，使用的工具不防爆或者所穿着劳动保护用品分歧格，在作业过程中有可能发生火灾、爆炸或者中毒窒息事故。

（二）风险与安全措施

1. 盲板有缺陷

盲板材质要适宜，厚度应经强度计算，高压盲板应经探伤合格，盲板应有一个或两个手柄，便于辨识、抽堵，应选用与之相配的垫片。

2. 危险有害物质（能量）突出

① 在拆装盲板前，应将管道压力泄至常压或微正压；

② 严禁在同一管道上同时进行两处及两处以上盲板抽堵作业；

③ 气体温度应低于 60℃；

④ 作业人员严禁正对危险有害物质（能量）可能突出的方向，做好个人防护。

3. 明火及其他火源

在易燃易爆场所作业时，作业地点 30m 内不得有动火作业；工作照明使用防爆灯具；

应使用防爆工具，禁止用铁器敲打管线、法兰等。

4. 操作失误

① 抽堵多个盲板时，应按盲板位置图及盲板编号，由作业负责人统一指挥；

② 每个抽堵盲板处应设标牌表明盲板位置。

5. 通风不良

① 门窗打开，加强自然通风；

② 采用局部强制通风。

6. 监护不当

① 作业时应有专人监护，作业结束前监护人不得离开作业现场；

② 监护人应熟悉现场环境和检查确认安全措施落实到位，具备相关安全知识和应急技能，与岗位保持联系，随时掌握工况变化。

7. 应急不足

作业复杂、危险性大的场所，除监护人外，其他相关部门人员应到现场，做好应急准备。

8. 涉及危险作业组合，未落实相应安全措施

若涉及动火、受限空间、高处等危险作业时，应同时办理相关作业许可证。

9. 作业条件发生重大变化

若作业条件发生重大变化，应重新办理《盲板抽堵安全作业证》。

【任务实施】

盲板抽堵作业属于危险作业，应办理作业许可证的审批手续，并指定专人负责制订作业方案和检查落实相应的安全措施，作业前安全负责人应带领操作、监护等人员查看现场，交代作业程序和安全事项。

一、作业人员的选择

1. 生产车间（分厂）负责人

① 应了解管道、设备内介质特性及走向，制定、落实盲板抽堵安全措施，安排监护人，向作业单位负责人或作业人员交代作业安全注意事项。

② 生产系统如有紧急或异常情况，应立即通知停止盲板抽堵作业。

③ 作业完成后，应组织检查盲板抽堵情况。

2. 监护人

① 负责盲板抽堵作业现场的监护与检查，发现异常情况应立即通知作业人员停止作业，并及时联系有关人员采取措施。

② 应坚守岗位，不得脱岗；在盲板抽堵作业期间，不得兼做其他工作。

③ 当发现盲板抽堵作业人违章作业时应立即制止。

④ 作业完成后，要会同作业人员检查、清理现场，确认无误后方可离开现场。

3. 作业单位负责人

①了解作业内容及现场情况，确认作业安全措施，向作业人员交代作业任务和安全注意事项。

② 各项安全措施落实后，方可安排人员进行盲板抽堵作业。

4. 作业人

① 作业前应了解作业的内容、地点、时间、要求，熟知作业中的危害因素和应采取的安全措施。

② 要逐项确认相关安全措施的落实情况。

③ 若发现不具备安全条件时，不得进行盲板抽堵作业。

④ 作业完成后，会同生产单位负责人检查盲板抽堵情况，确认无误后方可离开作业现场。

5. 审批人

① 审查《盲板抽堵安全作业证》的办理是否符合要求。

② 督促检查各项安全措施的落实情况。

二、作业票证的办理

表 2-3 为《盲板抽堵安全作业证》格式。

表 2-3 《盲板抽堵安全作业证》格式

<table>
<tr><td>申请单位</td><td colspan="3"></td><td colspan="3">申请人</td><td colspan="2"></td><td colspan="2">作业证编号</td><td colspan="2"></td></tr>
<tr><td rowspan="2">设备管道名称</td><td rowspan="2">介质</td><td rowspan="2">温度</td><td rowspan="2">压力</td><td colspan="3">盲板</td><td colspan="2">实施时间</td><td colspan="2">作业人</td><td colspan="2">监护人</td></tr>
<tr><td>材质</td><td>规格</td><td>编号</td><td>堵</td><td>抽</td><td>堵</td><td>抽</td><td>堵</td><td>抽</td></tr>
<tr><td></td><td colspan="3"></td><td></td><td></td><td></td><td></td><td></td><td></td><td></td><td></td><td></td></tr>
<tr><td>生产单位作业指挥</td><td colspan="12"></td></tr>
<tr><td>作业单位负责人</td><td colspan="12"></td></tr>
<tr><td>涉及的其他特殊作业</td><td colspan="12"></td></tr>
<tr><td colspan="13">盲板位置图及编号：
编制人： 年 月 日</td></tr>
</table>

<table>
<tr><td>序号</td><td colspan="3">安全措施</td><td>确认人</td></tr>
<tr><td>1</td><td colspan="3">在有毒介质的管道、设备上作业时，尽可能降低系统压力，作业点应为常压</td><td></td></tr>
<tr><td>2</td><td colspan="3">在有毒介质的管道、设备上作业时，作业人员穿戴适合的防护用具</td><td></td></tr>
<tr><td>3</td><td colspan="3">易燃易爆场所，作业人员穿防静电工作服、工作鞋；作业时使用防爆灯具和防爆工具</td><td></td></tr>
<tr><td>4</td><td colspan="3">易燃易爆场所，距作业地点 30m 内无其他动火作业</td><td></td></tr>
<tr><td>5</td><td colspan="3">在强腐蚀性介质的管道、设备上作业时，作业人员已采取防止酸碱灼伤措施</td><td></td></tr>
<tr><td>6</td><td colspan="3">介质温度较高、可能造成烫伤的情况下，作业人员已采取防烫措施</td><td></td></tr>
<tr><td>7</td><td colspan="3">同一管道上不同时进行两处以上的盲板抽堵作业</td><td></td></tr>
<tr><td>8</td><td colspan="3">其他安全措施：
编制人：</td><td></td></tr>
<tr><td>实施安全教育人</td><td></td><td></td><td></td><td></td></tr>
<tr><td colspan="5">生产车间(分厂)意见
签字： 年 月 日 时 分</td></tr>
<tr><td colspan="5">作业单位意见
签字： 年 月 日 时 分</td></tr>
<tr><td colspan="5">审批单位意见
签字： 年 月 日 时 分</td></tr>
<tr><td colspan="5">盲板抽堵作业单位确认情况
签字： 年 月 日 时 分</td></tr>
<tr><td colspan="5">生产车间(分厂)确认情况
签字： 年 月 日 时 分</td></tr>
</table>

各生产单位应设立盲板管理负责人，统一负责本单位的盲板抽堵管理工作。

在装置大检验过程中应安排专人对盲板进行统一管理，每个盲板设标牌标明编号，盲板的安装、拆卸作业办理《盲板抽堵安全作业证》。

盲板抽堵安全作业证应包括以下内容：单位名称、负责人、设备管线名称、管径、介质、拆装部位、盲板规格、编号、交底或验收人、作业人、作业时间等。

三、危害识别的告知

盲板抽堵作业危害识别如表 2-4 所示。

表 2-4　盲板抽堵作业危害识别

序号	危害因素	可能后果	控制措施
1	不办理《盲板抽堵安全作业证》	违章作业，发生事故	办理《盲板抽堵安全作业证》
2	没有编写安全技术措施	作业人员情况不明，发生事故	编写安全技术措施
3	安全技术措施未经审批、未经落实	违章作业，造成事故	安全技术措施必须经过审批，并落实到位
4	盲板厚度、材质、大小达不到要求	发生严重事故	盲板必须符合作业要求
5	没有安排监护人	发生事故不能及时发现，造成严重后果	必须安排专人监护
6	作业设备未断电	造成人员伤亡	作业前找电工确认，并挂停电牌
7	监护人不到位	发生事故不能及时发现，使事故扩大	对监护人进行处罚、教育，定时对监护人进行督查
8	消防器材不到位	发生着火、爆炸事故	清点消防设施
9	未对作业人员清点	人员伤亡	作业前必须对作业人员进行清点
10	作业人员不戴劳保用品	人身伤害	进行处罚和教育，监护人必须进行监督
11	设备、管线存在高温	烫伤	作业前由作业负责人对设备进行检查确认
12	作业设备或管线内存在高压	人员伤亡	作业前，必须将管道和设备内的压力泄至微正压或常压
13	作业环境存在高噪声	造成听力下降、耳聋	戴好耳塞
14	设备、管道内存在有毒气体	中毒	作业期间戴好防毒劳保用品
15	设备、管道内存在可燃气体	着火、爆炸	必须置换合格，定时取样，现场放置便携式可燃气检测仪
16	设备、管道内存在使人窒息的惰性气体	窒息	现场放置便携式氧气检测仪，作业管线压力降到微正压或常压
17	涉及受限空间作业	窒息、中毒、爆炸	办理受限空间作业证，严格按照受限空间作业规定作业
18	设备、管道内存在腐蚀性物质	腐蚀	戴好橡皮手套，穿防化服
19	涉及高空作业	高空坠落、高空坠物	办理高处作业证，戴好安全带
20	作业现场存在输电线	触电事故	作业前必须停电或进行技术处理
21	涉及吊装作业	造成人员伤亡	办理吊装作业证，按照吊装作业标准作业
22	作业位置设备密集	出现事故，给救援造成困难	保持好救援通道通畅
23	作业位置存在其他转动设备	机械伤害	做好防护设施，人员穿紧身工作服，鞋带、绳子等远离设备
24	作业现场存在粉尘	造成尘肺病、爆炸	戴好防尘口罩，现场控制粉尘量，防止出现爆炸
25	施工用设备、电器、通风设施及照明灯不符合安全规定	用电安全事故	根据要求逐一检查
26	作业现场没有可燃、毒性、氧气体检测仪	爆炸、中毒、窒息	现场一定要放置一个以上能正常使用的便携式检测仪
27	作业设备或管道存在热源或火源	人身伤害	消除热源或火源，无法消除的必须保证设备内无可燃性气体

续表

序号	危害因素	可能后果	控制措施
28	完工后未挂/摘除盲板牌	造成事故	必须检查是否悬挂或拆除
29	现场工具、杂物未清理	污染	做好文明施工
30	作业人员未清点	人员失踪	必须清点人员
31	作业电气设备未拆除	触电	拆除电气设备
32	灭火器等消防设施未恢复	火灾	作业完毕后立即恢复
33	未经作业负责人验收	发生事故	必须逐一检查盲板

四、安全措施的落实

为了保证安全生产，石油化工装置停车检修的设备必须与运行系统或有物料系统进行隔离，而这种隔离只靠阀门是不行的。因为许多阀门经过长期的介质冲刷、腐蚀、结垢或杂质的积存，很难保证严密，一旦有易燃易爆、有毒、有腐蚀、高温、窒息性介质窜入检修设备中，遇到施工用火便会引起爆炸着火事故；如果是有毒或窒息性物料，人在设备内工作，便会造成中毒或窒息死亡。最保险的办法是将与检修设备相连的管道用盲板相隔离。装置开车前再将盲板抽掉。抽堵盲板工作既有很大的危险性，又有较复杂的技术性，必须由熟悉生产工艺的人员负责，严加管理。

1. 盲板强度、样式符合安全要求

根据装置的检修计划，制定抽堵盲板流程图，按图进行作业。应有专人对抽堵的盲板分别逐一进行登记，对需要抽堵的盲板要统一编号，注明抽堵盲板的部位和盲板的规格，并指定专人负责此项作业和现场监护，对照抽堵的盲板图进行检查，防止漏抽漏加。

2. 作业人员熟知现场有害因素情况

对抽堵盲板的作业人员和监护人员要事先进行安全教育，讲清安全措施，一般规定谁抽谁加，实行工人、技术人员层层确认。操作前清空设备管道介质，确认系统物料排尽，压力、温度降至规定要求。

3. 盲板抽堵时，要采取必要的安全措施，穿戴合适的防护用品

作业人员佩戴劳保防护品符合要求，在有毒物料环境中，佩戴防毒面具和空气呼吸器；在腐蚀性物料环境中佩戴防酸碱护镜等护品。

在易燃场所使用防爆工具，严禁使用产生火花的工具进行作业；凡在禁火区抽插易燃易爆介质设备或管道盲板时，应使用防爆工具，应有专人检查和监护；在室内抽插盲板时，必须打开窗户或用通风设备强制通风；抽插有毒介质管道盲板时，作业人员应按规定佩戴合适的个体防护用品，防止中毒；在高处抽插盲板时，应同时满足高处作业安全要求，并佩戴安全帽、安全带；危险性特别大的作业，应有抢救后备措施及气防站、医务人员、救护车在场。操作人员在抽插盲板连续作业中，时间不宜过长，应轮换休息。

4. 其他

① 如果管线轴抽堵盲板处距离两侧管架较远，应该采取临时支架或吊架措施，防止抽出螺栓后管线下垂伤人。

② 关闭待检修设备出入口阀门；作业时站在上风向并背向作业。

③ 盲板用后统一收藏，下次再用，以免浪费。

五、作业票证的审批

① 盲板抽堵作业必须办理许可证。盲板抽堵作业实行一块盲板一张作业证的管理方式。

②《盲板抽堵安全作业证》由生产部门或安全防火部门管理。需到施工现场办理许可证，确定现场施工条件。

③《盲板抽堵安全作业证》由生产单位办理。

④ 由生产单位负责填写《盲板抽堵安全作业证》表格、盲板位置图、安全措施，交施工单位确认，安全防火部门审核，经主管领导或总工程师审批后，交施工单位确认、实施作业。

⑤ 盲板作业证一式三份，一份由生产单位存档、一份由安全防火部门保存，一份交施工单位作业人，《盲板抽堵安全作业证》保存期限至少为 1 年。

⑥ 严禁随意涂改、转借《盲板抽堵安全作业证》，变更盲板位置或增减盲板数量时，应重新办理《盲板抽堵安全作业证》。对作业审批手续不全、安全措施不落实、作业环境不符合安全要求的，作业人员有权拒绝作业。

六、作业过程中的监护

1. 盲板抽堵负责人

盲板抽堵负责人须向作业人员交代任务、工作方法、工艺过程及安全注意事项，认真检查安全措施是否落实。

2. 生产车间指定的监护人

生产车间指定的监护人负责作业过程的安全监护工作。必须严守职责，防止漏拆漏装，并督促作业人员按章作业。必要时，卫生、消防、气防站等人员到场监护。

①负责盲板抽堵作业现场的监护与检查，发现异常情况应立即通知作业人员停止作业，并及时联系有关人员采取措施。

② 应坚守岗位，不得脱岗；在盲板抽堵作业期间，不得兼做其他工作。

③ 当发现盲板抽堵作业人违章作业时应立即制止。

④ 作业完成后，要会同作业人员检查、清理现场，确认无误后方可离开现场。

七、作业完成后的验收

盲板抽堵完成后，必须由盲板抽堵作业单位和生产单位专人共同确认；须经盲板抽堵负责人按盲板图核对无误，方可交出修理或投进生产。

作业结束后，经施工单位、生产部门、安全防火部门检查无误，施工单位将盲板图交生产单位。

八、安全器具

作业前，作业单位对作业现场及作业涉及的设备、设施、工器具等进行检查，并使之符合如下要求。

① 作业现场消防通道、行车通道应保持畅通；影响作业安全的杂物应清理干净。

② 作业现场的梯子、栏杆、平台、箅子板、盖板等设施应完整、牢固，采用的临时设施应确保安全。

③ 作业现场可能危及安全的坑、井、沟、孔洞等应采取有效防护措施，并设警示标志，夜间应设警示红灯；需要检修的设备上的电器电源应可靠断电，在电源开关处加锁并加挂安全警示牌。

④ 作业使用的个体防护器具、消防器材、通信设备、照明设备等应完好。

⑤ 作业使用的脚手架、起重机械、电气焊用具、手持电动工具等各种工器具应符合作业安全要求；超过安全电压的手持式、移动式电动工器具应逐个配置漏电保护器和电源开关。

⑥ 进入作业现场的人员应正确佩戴符合 GB 2811 要求的安全帽。作业时，作业人员应遵守本工种安全技术操作规程，并按规定着装及正确佩戴相应的个体防护用品。多工种、多层次交叉作业应统一协调。

【考核评价】

一、选择题（每小题至少有一个最佳选项）

1. 在易燃易爆场所进行盲板抽堵作业时，作业人员应穿防静电工作服、工作鞋；距作业地点（　　）内不得有动火作业。

A. 10m　　B. 20m　　C. 30m　　D. 40m

2.《盲板抽堵安全作业证》由（　　）办理。

A. EHS 部　　B. 生产部　　C. 生产车间　　D. 工程部

3. 一般盲板应有（　　）手柄，便于辨识、抽堵。当使用 8 字盲板时，可以不设手柄。

A. 一个　　B. 两个　　C. 三个　　D. 一个或两个

4. 盲板垫片应根据管道内介质（　　）选用合适的材料制作。

A. 性质　　B. 压力　　C. 温度　　D. 密度

5. 在（　　）介质的管道、设备上进行盲板抽堵作业时，系统压力应降到尽可能低的程度，作业人员应穿戴合适的防护用具。

A. 有毒　　B. 强腐蚀性　　C. 高温　　D. 易燃易爆

6. 盲板抽堵作业作业证有效期为（　　）。

A. 3d　　B. 15d　　C. 一个月　　D. 根据作业时间定

7. 盲板的直径应依据管道法兰密封面直径制作，厚度应经（　　）计算。

A. 耐温性　　B. 强度　　C. 耐酸性　　D. 耐碱性

8. 作业完成后，作业人会同（　　）检查盲板抽堵情况，确认无误后方可离开作业现场。

A. EHS 部　　B. 作业负责人　　C. 监护人　　D. 生产车间负责人

9.（　　）应对现场作业环境进行有害因素辨识并制定相应的安全措施。

A. 作业人　　B. 作业负责人　　C. 监护人　　D. 生产车间负责人

10. 申请盲板抽堵作业证应由盲板所在车间向生产部提出申请，（　　）填写申请栏相关内容，工艺员画盲板所在位置图。

A. 作业人　　B. 作业负责人　　C. 监护人　　D. 盲板所在车间班长

二、简答题

1. 简述盲板抽堵作业中监护人的职责。

2. 简述盲板抽堵作业证办理流程。

参考答案：

一、选择题

1. C 2. C 3. D 4. A、B、C 5. A 6. D 7. B 8. D 9. A 10. D

二、简答题

1. 答：(1) 负责盲板抽堵作业现场的监护与检查，发现异常情况应立即通知作业人员停止作业，并及时联系相关人员采取措施。

(2) 应坚守岗位，不得脱岗；在盲板抽堵作业期间，不得兼做其他作业。

(3) 当发现盲板抽堵作业人违章作业时应立即制止。

(4) 作业完成后，要会同作业人员检查、清理现场，确认无误后方可离开现场。

2. 答：(1) 申请盲板抽堵作业票应由盲板所在车间向生产部提出申请，盲板所在车间班长填写申请栏相关内容，工艺员画盲板所在位置图。

(2) 盲板所在车间主任组织当班班长、工艺技术员与作业单位的作业人员及负责人对要进行的盲板抽堵作业进行风险因素辨识，并制定相应的削减措施。

(3) 盲板抽堵作业所在车间安排对该项作业工艺条件熟悉、有经验的工艺监护人员（一般为班长或工艺员），组织落实盲板抽堵的工艺交出、安全措施，并在工艺交出栏中和工艺监护人现场确认措施栏中落实签字，车间主任现场确认签字。

(4) 盲板抽堵作业单位监护人员要落实作业现场的施工安全情况后签字，并由作业单位负责人确认签字，最后交生产部批准。

(5) 作业结束，由盲板抽堵作业单位、生产车间专人共同确认。

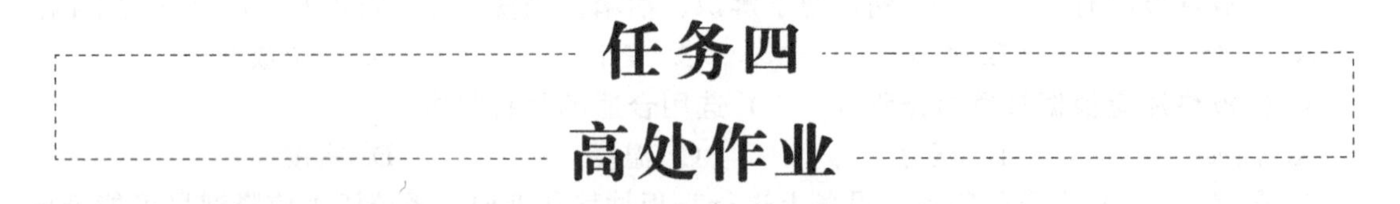

任务四 高处作业

【任务描述】

在化工生产区域，高处作业常常与其他作业交叉进行，导致作业概念变得比较模糊，作业人员常常会出现重视了作业的一个方面，而忽视了另一个方面的情况。比如罐内作业，如果在离罐内底部高处 2m 以上的部位作业，就是高处作业，然而人们常常会认为自己从事的只是罐内作业而忽视了同时也是高处作业。因高处作业而引起的常见事故有：高处坠落、中毒、触电、烫伤、烧伤（化学烧伤）、高处落物等。

据统计，2004～2012 年全国高处坠落安全事故占比工程事故近一半（达到 49.17%）；建设部 2004 年度伤亡资料统计，高处坠落占死亡人数的 53.1%；1980～1981 年 2 年间，全国化工系统因工死亡 521 人，重伤 255 人，其中由高处坠落事故引起的死亡和重伤人数分别占 11.3%和 15.3%。2003 年某化工企业发生人身伤害事故 13 起，其中高处坠落事故就有 4 起，占总起数的 32.5%，在十一类事故中位居第三。因此，化工企业高处坠落事故造成伤亡人数已经仅次于火灾和中毒事故。2001 年 6 月 18 日，云南某化工厂发生一起高处坠落事故，事故造成 1 名临时工重伤，直接经济损失 4 万余元。2013 年 9 月 16 日 15:00 左右，河北元隆化工有限公司发生一起高处坠落事故，造成1人死亡，直接经济损失70万元。

所以，化工企业必须高度重视高处作业安全生产管理，加强对从业人员的安全思想教育，落实相关安全管理规章制度和采取安全防范措施，杜绝各种违章作业现象，避免事故发生。

【相关知识】

知识点一 高处作业

一、高处作业相关概念

（一）高处作业

凡在距坠落基准面2m及2m以上有可能坠落的高处进行的作业，称为高处作业。高处作业如图2-5所示 。

图2-5 高处作业

（二）坠落基准面

坠落处最低点的水平面，称为坠落基准面（图2-6）。

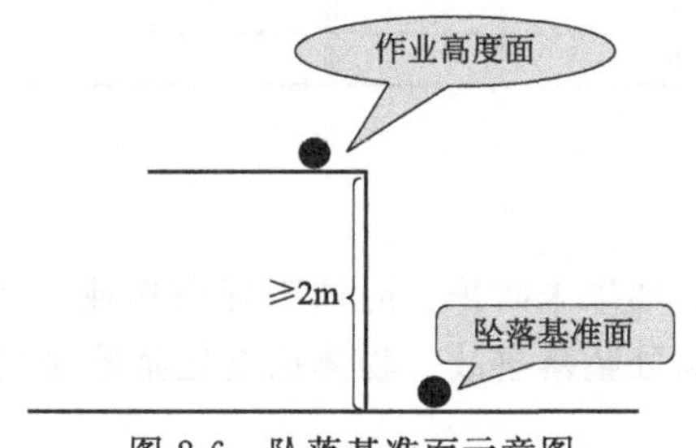

图2-6 坠落基准面示意图

（三）坠落高度（作业高度）h

从作业位置到坠落基准面的垂直距离，称为坠落高度（也称作业高度）。

(四)高处作业分级

《化学品生产单位特殊作业安全规范》(GB 30871—2014)规定：

(1)按作业高度 h 分为四个区段：$2m \leqslant h \leqslant 5m$；$5m < h \leqslant 15m$；$15m < h \leqslant 30m$；$h > 30m$。

(2)按直接引起坠落的客观危险因素分为 11 种：

① 阵风风力五级(风速 8.0m/s)以上；

② GB/T 4200 规定的Ⅱ级或Ⅱ级以上的高温作业；

③ 平均气温等于或低于 5℃的作业环境；

④ 接触冷水温度等于或低于 12℃的作业；

⑤ 作业场地有冰、雪、霜、水、油等易滑物；

⑥ 作业场所光线不足或能见度差；

⑦ 作业活动范围与危险电压带电体距离小于表 2-5 的规定；

表 2-5　作业活动范围与危险电压带电体距离

危险电压带电体的电压等级/kV	≤10	35	63～110	220	330	500
距离/m	1.7	2.0	2.5	4.0	5.0	6.0

⑧ 摆动，立足处不是平面或只有很小的平面，即任一边小于 500mm 的矩形平面、直径小于 500mm 的圆形平面或具有类似尺寸的其他形状的平面，致使作业者无法维持正常姿势；

⑨ GB 3869 规定的Ⅲ级或Ⅲ级以上的体力劳动强度；

⑩ 存在有毒气体或空气中含氧量低于 19.5%的作业环境；

⑪ 可能会引起各种灾害事故的作业环境和抢救突然发生的各种灾害事故。

(3)不存在上述列出的 11 种中任一种客观危险因素的高处作业按表 2-6 规定的 A 类法分级，存在上述列出的 11 种中一种或一种以上客观危险因素的高处作业按表 2-6 规定的 B 类法分级。

表 2-6　高处作业分级

分类法	高处作业高度			
	$2m \leqslant h \leqslant 5m$	$5m < h \leqslant 15m$	$15m < h \leqslant 30m$	$h > 30m$
A	Ⅰ	Ⅱ	Ⅲ	Ⅳ
B	Ⅱ	Ⅲ	Ⅳ	Ⅳ

(五)坠落事故

在施工现场高处作业中，如果未防护、防护不好或作业不当都可能发生人或物体坠落。人从高处坠落的事故，称为高处坠落事故；物体从高处坠落砸到下面人的事故，就是物体打击事故。

二、高处作业的基本类型

设备检修施工中的高处作业主要包括临边、洞口、攀登、悬空、交叉五种基本类型。

1. 临边作业

临边作业，是指施工现场作业中，工作面边沿无围护设施或围护设施高度低于 80cm 时的高处作业。临边高度越高、危险性就越大。

2. 洞口作业

洞口作业是指在孔与洞口旁边的高处作业，包括施工现场及通道旁深度 2m 及以上的桩孔、人孔、沟槽与管道、孔洞的边沿上的作业。

3. 攀登作业

攀登作业是指借助登高用具或登高设施在攀登条件下进行的高处作业。

4. 悬空作业

悬空作业是指在周边临空状态下进行的高处作业。

5. 交叉作业

交叉作业是在施工现场的上下不同层次，于空间贯通状态下同时进行的高处作业。

三、高处作业施工安全的专项规定

（一）作业环境要求

① 在化学危险物品生产、储存场所或附近有放空管线的位置作业时，应事先与车间负责人取得联系，建立联系信号。

② 在邻近地区设有排放有毒、有害气体及粉尘超出允许浓度的烟囱及设备的场合时，严禁进行高处作业。如在允许浓度范围内，也应采取有效的防护措施。

③ 遇有不适宜高处作业的恶劣气象（如 6 级风以上、雷电、暴雨、大雾等）条件时，严禁露天高处作业。

④ 电气焊作业要有接火盆，以防焊渣火花向下乱溅。

⑤ 登石棉瓦、瓦棱板等轻型材料作业时，必须铺设牢固的脚手板，并加以固定，脚手板上要有防滑措施。

（二）作业技术要求

1. 临边作业的安全防护

临边作业的安全防护，主要有以下两种。

① 设置防护栏杆。凡是临边作业都应在临边设置防护栏杆。对于主体工程上升阶段的顶层楼梯口应随工程结构施工进度安装正式防护栏杆。临街道路为行人密集区，除防护栏杆外，敞口立面必须采取密目式安全网进行全封闭。

防护栏杆由上下两道横杆及栏杆柱组成，上杆离地面高度为 1.0～1.2m，下杆取中设置，栏杆柱 2m，横杆长度大于 2m 时，必须设栏杆柱，栏杆柱与横杆用安全立网封闭，同时要设置不低于 18cm 高的挡脚板。使上横杆在任何处能经受任何方向 1000N 的外力。防护栏杆必须自上而下用密目式安全网封闭。

基坑周边、未安装栏杆或挡板的阳台、料台与卸料平台周边、无外防护的屋面与框架楼层周边、分段施工的楼梯口和梯段边处及垂直运输接料平台的两侧边等所有临边都必须设防护栏杆。坡度大于 1∶2.2 的屋面应设 1.5～1.8m 的防护栏杆。

② 设置安全门或活动防护栏杆。各种垂直运输接料平台两侧应设防护栏杆，加密目网

封闭；平台口应设安全门或活动防护栏杆。

2. 洞口作业的安全防护

洞口防护根据具体情况采取设施防护栏杆、加盖板、张挂安全网与装栅门等措施。

① 楼板、屋面和平台面积上短边尺寸小于 25cm 但大于 2.5cm 的孔洞，必须用坚实的盖板盖设。盖板应能防止挪动移位。

② 楼板面等处边长为 25～50cm 的洞口、安装预制构件时的洞口以及缺件临时形成的洞口，可用竹、木等做盖板，盖住洞口。盖板须能保持四周搁置均衡，并有固定其位置的措施。

③ 边长为 50～150cm 的洞口，必须设置以扣件扣接钢管而成的网格，并在其上满铺竹笆或脚手板，也可采用贯穿于混凝土板内的钢筋构成防护网，钢筋网格间距不得大于 20cm。

④ 边长在 150cm 以上的洞口，四周设防护栏杆，洞口下张设安全平网防护。

⑤ 墙面等处的竖向洞口，凡落地的洞口应加装开关式、工具式或固定式的防护门，门栅网格的间距不应大于 15cm，也可采用防护栏杆，下设挡脚板。电梯井内应每隔两层并最多隔 10m 设一道安全网。

⑥ 下边沿至楼板或底面低于 80cm 的窗台等竖向洞口，如侧边落差大于 2m 时，应加设 1.2m 高的临时护栏。

⑦ 施工现场通道附近的各类洞口与坑槽等处，除设置防护设施与安全标志外，夜间还应设红灯警示。

3. 攀登作业的安全防护

① 使用梯子攀登作业时，梯脚底部应坚实，不得垫高使用，并采取包扎、钉胶皮、锚固或夹牢等防护措施。

② 作业人员应从规定的通道上下，不得在阳台之间等非规定过道进行攀登，也不得任意利用吊车臂架的施工设施进行攀登。上下梯子时必须面向梯子，且不得手持器物。

4. 悬空作业的安全防护

① 悬空作业处应有牢靠的立足处，并必须视具体情况，配置防护栏网、栏杆或其他安全设施。悬空作业所用的索具、脚手板、吊篮、吊笼、平台等设备，均需经过技术鉴定或检查后方可使用。

② 钢结构的构件，应尽可能在地面组装，并应将进行临时固定、电焊、高强螺栓连接等操作的高空安全设施，随构件同时上吊就位。高空吊装预应力钢筋混凝土屋架、衍架等大型构件前，也应搭设悬空作业中所需的安全设施。拆卸时的安全措施也应一并考虑和落实。

③ 悬空安装大模板、吊装第一块预制构件、吊装单独的大中型预制构件时，必须站在操作平台上操作。吊装中的大模板和预制构件以及石棉、水泥板等屋面板上，严禁站人和行走。

④ 安装管道时必须有已完结构或操作平台为立足点，严禁在安装中的管道上站立人和行走。悬空构件的焊接，必须在满铺脚手板的支架后操作平台上操作。

⑤ 焊接立柱和墙体钢筋时，不得站在钢筋骨架上或攀登骨架上下，焊接 3m 以上的柱钢筋，必须搭设操作平台。

⑥ 在高处外墙安装门、窗，无外脚手架时应张挂安全网；无完全网时，操作人员应系好安全带，其保险钩应挂在操作人员上方的可靠物件上。

⑦ 进行各项窗口作业时，操作人员的重心应位于室内，不得在窗台上站立，必要时应系好安全带进行操作。

5. 交叉作业的安全防护

高处作业与其他作业交叉进行时，必须按指定的路线上下。在同一坠落方向上，一般不得进行上下交叉作业。如需进行交叉作业，中间应设置安全防护层，坠落高度超过 24m 的交叉作业，应设双层防护。

① 交叉作业时，注意不得在同一垂直方向上操作。下层作业的位置，必须处于依上层高度确定的可能坠落范围半径之外。不符合以上条件时，应设置安全防护棚。

② 结构施工自二层起，凡人员进出的通道口（包括井架、施工用电梯的进出通道口），均应搭设安全防护棚。高度超过 24m 的层次上的交叉作业，应设双层防护。

③ 由于上方施工可能坠落物件或处于起重机臂杆回转范围之内的通道，在其受影响的范围内，必须搭设顶部能防止穿透的双层防护棚。

④ 进入施工现场要走指定的或搭有防护棚的出入口，不得从无防护棚的楼口出入，避免坠物砸伤。

6. 防护要求

① 登高作业现场应设有防护栏、安全网、安全警示牌，除有关人员，不准其他人员在作业点下通行或逗留。

② 在槽顶、罐顶、屋顶等设备或建筑物、构筑物上作业时，临空一面应装安全网或栏杆等防护措施，事先应检查其牢固可靠程度，防止失稳或破裂等可能出现的危险。

③ 预留口、通道口、楼梯口、电梯口、上料平台口等都必须设有牢固、有效的安全防护设施（盖板、围栏、安全网）。

④ 洞口防护设施如有损坏必须及时修缮；洞口防护设施严禁擅自移位、拆除；在洞口旁操作要小心，不应背朝洞口作业；不要在洞口旁休息、打闹或跨越洞口及从洞口盖板上行走；洞口还必须挂设醒目的警示标志等。

⑤ 在屋面上作业人员应穿软底防滑鞋；屋面坡度大于 25°应采取防滑措施；在屋面作业不能背向檐口移动。

⑥ 使用外脚手架，外排立杆要高出檐口 1.2m，并挂好安全网，檐口外要铺满脚手架；没有使用外脚手架工程施工时，应在屋檐下方设安全网。

知识点二 化工企业高处作业的危险性

一、高处作业的危害

① 化工生产物料转化在易燃、易爆、易中毒、易灼伤的区域中进行，由于物料泄漏，会造成对现场高处作业人员极大的危害。

② 化工生产装置主要安装在框架上，虽有防护栏，但个别作业人员在非经常性作业的环境下，有可能发生坠落、摔伤等意外事故。

③ 在无平台、无防护栏的塔、釜、炉、罐及架空电缆、压力管道上进行作业时，可能造成坠落事故。

④ 在高大塔、釜、炉、罐、化工设备内进行登高作业时，可能造成登滑坠落事故。

⑤ 若作业现场下部或附近，有液体贮池、熔融物或转动的机械，一旦坠落将造成严重后果。

⑥ 电气高压维修人员，经常在电线杆上进行检修作业，同样有高处坠落危险。

⑦ 在特殊天气条件下进行高处作业时，如 6 级大风、降雪、下雨、高温、雾天、低温

天气条件下进行高处作业，坠落的危险性增加。

⑧ 进行现场设备巡回检查时，爬梯护栏较滑、照明光线不良、平台有油污、积水、积雪等危险因素，都可能造成坠落事故。

二、高处作业发生坠落事故的主要原因

造成高处作业事故发生的原因，一方面是因为作业概念不清，作业人员难以形成有针对性的自我保护意识，作业前往往缺乏对现场情况的风险分析，对存在的安全设施、工具缺陷、光线不足、地面结冰、作业上风向有毒气体等危险因素也未检查和分析，不能制定可靠、准确、可行的对应措施，会在作业过程中出现习惯性违章，甚至逞能、蛮干的情况。

另一方面是因为管理者和监护人未能对作业人员进行相关的安全交底或安全提示，没能及时发现作业现场随时发生的变化，信息传递不准确，应急措施不合理等。

所以要最大限度地防范高处作业事故的发生，就必须强化安全管理，做好作业前的准备工作，加强对作业过程的控制。

引发高处坠落事故的主要原因有：

① 安全设施不够完善，作业现场井、坑、沟无盖板；操作平台、爬梯没有防护设施，或检修时临时拆除防护栏，未及时恢复。

② 各种登高工具（梯子、脚手架、脚扣、安全带等）存在缺陷，有不安全因素。

③ 各种升降设施（电梯、吊车、天车等）不符合安全要求，无安全装置，或缺乏严格的安全管理，没有按规程操作。

④ 高处作业人员思想麻痹，图省事，安全意识不强，未采取任何安全措施，在石棉瓦之类不坚固的结构上违章作业。

三、结合高处作业事故原因分析，针对性落实安全措施

（一）高处坠落

1. 高处坠落原因

① 高处作业思想不集中或开玩笑、追逐、嬉闹。

② 精神状态不佳，如因睡眠、休息不足而精神不振，酒后进行登高作业。

③ 高处作业地点无栏杆。

④ 操作人员操作不当。

⑤ 高处作业不带工具袋，手抓物件而失足坠落。

⑥ 高处作业不扎安全带。

⑦ 通道上摆放过多物品。

⑧ 脚手架不按规定搭设，梯子摆放不稳。

2. 高处坠落形式

① 人在移动过程中被绊而失身坠落。

② 在钢架、脚手架、爬梯上下攀爬失手而坠落。

③ 在管道、小梁行走时脚步不稳（如打滑、踩空），身体失控坠落或踩中易滚动或不稳

定物件而坠落。

④ 跨越未封闭或封闭不严孔洞、沟槽、井坑而失足坠落。

⑤ 脚手架上的脚手板、梯子、架子管因变形、断裂而失稳导致人员坠落。

⑥ 触电、物件打击或其他方式导致人员坠落。

⑦ 操作中用力过猛或猛拉猛甩不受力物件。

⑧ 踩塌轻型屋面板而导致人员坠落。

3. 预防高处坠落的安全要求

① 工作前进行安全分析，并组织安全技术交底。

② 对患有职业禁忌证和年老体弱、疲劳过度、视力不佳人员等，不准进行高处作业。

③ 穿戴劳动保护用品，正确使用防坠落用品与登高器具、设备。

④ 用于高处作业的防护措施，不得擅自拆除。

⑤ 作业人员应从规定的通道上下，不得在非规定的通道进行攀登，也不得任意利用吊车臂架等施工设备进行攀登。

（二）高空落物

1. 高空落物原因分析

① 起重机械超重或误操作造成机械损坏、倾倒、吊件坠落。

② 各种起重机具（钢丝绳、卸卡等）因承载力不够而被拉断或折断导致落物。

③ 用于承重的平台承载力不够而使物件坠落。

④ 起吊过程吊物上零星物件没有绑扎或清理而坠落。

⑤ 高空作业时拉电源线或皮管时将零星物件拖带坠落或行走时将物件碰落。

⑥ 在高空持物行走或传递物品时失手将物件跌落。

⑦ 在高处切割物件材料时无防坠落措施。

⑧ 向下抛掷物件。

2. 防止高空落物伤人安全措施

① 对于重要、大件吊装，必须制定详细吊装施工技术措施与安全措施，并由专人负责，统一指挥，配置专职安监人员。

② 非专业起重工不得从事起吊作业。

③ 各个承重临时平台要进行专门设计并核算其承载力，焊接时由专业焊工施焊并经检查合格后才允许使用。

④ 起吊前对吊物上杂物及小件物品清理或绑扎。

⑤ 从事高空作业时必须配工具袋，大件工具要绑上保险绳。

⑥ 加强高空作业场所及脚手架上小件物品清理、存放管理，做好物件防坠措施。

⑦ 上下传递物件时要用绳传递，不得上下抛掷。传递小型工件、工具时使用工具袋。

⑧ 尽量避免交叉作业，拆架或起重作业时，作业区域设警戒区，严禁无关人员进入。

⑨ 切割物件时应有防坠落措施。

⑩ 起吊零散物品时要用专用吊具进行起吊。

（三）制定应急预案

内容包括：作业人员紧急状况时的逃生路线、救护方法和应急联络信号等；现场应配备的救生设施和灭火器材等；施工项目所在单位与施工单位现场安全负责人，应对作业人进行作业中可能遇到意外时的处理和救护方法等进行必要的安全教育。

【任务实施】

一、作业人员的选择

（一）作业负责人职责

负责按规定办理高处作业票，制定安全措施并监督实施，组织安排作业人员，对作业人员进行安全教育，确保作业安全。

（二）作业人员职责

从事高处作业人员要定期体检，发现不宜登高的病症不得从事高处作业。

应遵守高处作业安全管理标准，按规定穿戴劳动防护用品和安全保护用具，认真执行安全措施，在安全措施不完善或没有办理有效作业票时应拒绝高处作业。

高处作业人员必须设有可靠的防护措施。

（三）监护人职责

负责确认作业安全措施和执行应急预案，遇有危险情况时命令停止作业；高处作业过程中不得离开作业现场；监督作业人员按规定完成作业，及时纠正违章行为。

（四）作业所在生产车间负责人职责

会同作业负责人检查落实现场作业安全措施，确保作业场所符合高处作业安全规定。

（五）生产部职责

负责监督检查高处作业安全措施的落实，签发高处作业票。

（六）其他签字领导的职责

对特殊高处作业安全措施的组织、安排、作业负总责。

二、作业票证的办理

《高处安全作业证》格式如表2-7所示。

表 2-7 《高处安全作业证》格式

申请单位		申请人		作业证编号	
作业时间	自 年 月 日 时 分始至 年 月 日 时 分止				
作业地点					
作业内容					
作业高度			作业类别		
作业单位			监护人		
作业人			涉及的其他特殊作业		
危害辨识					

续表

序号	安全措施	确认人
1	作业人员身体条件符合要求	
2	作业人员着装符合工作要求	
3	作业人员佩戴合格的安全帽	
4	作业人员佩戴安全带、安全带高挂低用	
5	作业人员携带有工具袋及安全绳	
6	作业人员佩戴：A. 过滤式防毒面具或口罩；B. 空气呼吸器	
7	现场搭设的脚手架、防护网、围栏符合安全规定	
8	垂直分层作业中间有隔离设施	
9	梯子、绳子符合安全规定	
10	石棉瓦等轻型棚的承重梁、柱能承重负荷的要求	
11	作业人员在石棉瓦等不承重物上作业所搭设的承重板稳定牢固	
12	采光、夜间作业照明符合作业要求，(需采用并已采用/无需采用)防爆灯	
13	30m 以上高处作业配备通信、联络工具	
14	其他安全措施： 编制人：	
实施安全教育人		
生产单位作业负责人意见	签字： 年 月 日 时 分	
作业单位负责人意见	签字： 年 月 日 时 分	
审核部门意见	签字： 年 月 日 时 分	
审批部门意见	签字： 年 月 日 时 分	
完工验收	签字： 年 月 日 时 分	

《高处安全作业证》审批人员要到高处作业现场，检查确认安全措施后，方可批准高处作业。

三、危害识别的告知分析

（一）高处作业的职业危害

1. 对人体的伤害

作业人员在发生高处坠落后，轻则伤筋动骨，重则造成终身残疾甚至因此失去生命。

2. 对生产人员精神的危害

高处作业所引起的精神紧张长期得不到缓解和消除，由紧张引起的血压升高也得不到恢复，高血压发病率随工龄增长而明显增高。长期精神紧张还会引起消化不良和身体免疫功能下降，患病毒性上呼吸道感染的机会增加。

3. 高处作业的危害后果

① 高处作业发生高处坠落，可能会造成伤残、死亡，登得越高，坠落伤亡的危险性越大。

② 长期从事高空作业，尤其是二级以上的高空作业，所引起的精神紧张易引发高血压、病毒性上呼吸道感染等病症。

（二）危害识别分析

高处作业危害识别如表 2-8 所示。

表 2-8　高处作业危害识别

序号	危害因素	事故后果	管控措施
1	不按规定要求办理高处作业许可证	违章作业引发事故	严格办理高处作业许可证，严禁违章作业，严格按规定执行
2	作业人员安全防护措施不落实	引发事故，人员伤亡	配备安全措施，安全带、安全帽相关救生设备等，严格检查
3	作业人员未进行安全教育，不清楚现场情况	不能及时发现并处理作业现场出现的问题，人员伤害	作业前进行安全教育，对情况进行培训，严格按照规定执行
4	监护不足，监护人不到位	出现事故不能及时处置，造成事故扩大	安排责任心强、有经验的人员进行监护，作业前对安全措施进行严格检查。作业过程中不得脱离岗位
5	消防器材不足及救援应急措施不当	不能及时灭火，造成事故扩大；人员伤害	作业前仔细检查落实配备到位，设备外备有空气呼吸器、消防器材和清水等相应急救用品
6	脚手架有缺陷或者不牢固，不挂牌，没有明显的安全标识	高处坠落，人员伤害	使用前认真检查，符合要求才能搭建，及时挂牌，对没有安全标识的地方及时张贴标识
7	作业材料、器具、设备等设施不安全	造成事故扩大；人员伤害	使用前认真检查，严格按规定执行
8	不系安全带或安全帽，不按规定穿戴其他要求防护用品	引发事故，人员伤亡	作业前严格检查，不采取安全措施禁止作业
9	工作平台或梯子湿滑，下梯子脚下踩空	人员伤害，跌落	干燥后再作业，由专人监护，佩戴相应防护用品
10	登高梯子有缺陷或在梯子上作业时下方没人扶	触电、跌落、人员伤害	作业前严格检查，由专人监护
11	高处行走或作业中，未按规定将安全带系挂	高处坠落，人员伤害	作业前培训，严格检查，违反者按规定进行处理
12	高处切割或施焊，下方未采取相应措施	火花飞溅，人员伤害	下方铺设保护层，配备消防器材，专人监护
13	高处作业时遇 6 级以上大风等恶劣天气	高处坠落，人员伤害	停止作业，撤离人员
14	在高处作业，特别在有毒有害区域，未与地面建立联系信号	人员伤害	配备必要的联络工具，作业前建立联系信号，配备安全防护措施，由专人监护
15	易滑动、滚动的工具、材料堆放位置不正确	高处掉落造成人员伤害	平稳堆放，工具使用时要系安全绳，不用时放入工具袋，采取防坠措施
16	在不坚固的结构上作业未铺设脚手板	人员伤害	必须铺设牢固的脚手板，要有防滑措施。安全教育培训，专人监护
17	上下时手中持物，上下抛掷工具等物品	人员伤害	上下时集中精神，作业前安全教育培训，由专人监护
18	出现危险品泄漏或其他异常情况	人员伤害	停止作业，撤离人员
19	现场没有清理	人员伤害	及时清理
20	上下时未沿安全通道，随意攀登	引发事故、人员伤害	沿着安全通道或安全护栏的直梯上下，作业前安全教育，专人看护

四、安全措施的落实

必须加强高处作业安全防护，落实相关安全措施。

（一）高处作业前的安全要求

① 进行高处作业前，应针对作业内容，进行危险辨识，制定相应的作业程序及安全措施。将辨识出的危害因素写入《高处安全作业证》，并制定出相应的安全措施。

② 进行高处作业时，应符合国家现行的有关高处作业及安全技术标准的规定。

③ 作业单位负责人应对高处作业安全技术负责，并建立相应的责任制。

④ 高处作业人员及搭设高处作业安全设施的人员，应经过专业技术培训及专业考试合格，持证上岗，并应定期进行体格检查。对患有职业禁忌证（如高血压、心脏病、贫血病、癫痫病、精神疾病等）、年老体弱、疲劳过度、视力不佳及其他不适于高处作业的人员，不得进行高处作业。

⑤ 从事高处作业的单位应办理《高处安全作业证》，落实安全防护措施后方可作业。

⑥《高处安全作业证》审批人员应赴高处作业现场检查确认安全措施后，方可批准高处作业。

⑦ 高处作业中的安全标志、工具、仪表、电气设施和各种设备，应在作业前加以检查，确认其完好后再投入使用。

⑧ 高处作业前要制定高处作业应急预案，内容包括：作业人员紧急状况时的逃生路线和救护方法，现场应配备的救生设施和灭火器材等。有关人员应熟知应急预案的内容。

⑨ 在紧急状态下（有下列情况下进行的高处作业的）应执行单位的应急预案：

a. 遇有 6 级以上强风、浓雾等恶劣气候下的露天攀登与悬空高处作业；

b. 在临近有排放有毒、有害气体、粉尘的放空管线或烟囱的场所进行高处作业时，作业点的有毒物浓度不明。

⑩ 高处作业前，作业单位现场负责人应对高处作业人员进行必要的安全教育，交代现场环境和作业安全要求以及作业中可能遇到意外时的处理和救护方法。

⑪ 高处作业前，作业人员应查验《高处安全作业证》，检查验收安全措施落实后方可作业。

⑫ 高处作业人员应按照规定穿戴符合国家标准的劳动保护用品，安全带符合 GB 6095 的要求，安全帽符合 GB 2811 的要求等。作业前要检查。

⑬ 高处作业前作业单位应制定安全措施并填入《高处安全作业证》内。

⑭ 高处作业使用的材料、器具、设备应符合有关安全标准要求。

⑮ 高处作业用的脚手架的搭设应符合国家有关标准。高处作业应根据实际要求配备符合安全要求的吊笼、梯子、防护围栏、挡脚板等。跳板应符合安全要求，两端应捆绑牢固。作业前，应检查所用的安全设施是否坚固、牢靠。夜间高处作业应有充足的照明。

⑯ 供高处作业人员上下用的梯道、电梯、吊笼等要符合有关标准要求；作业人员上下时要有可靠的安全措施。固定式钢直梯和钢斜梯应符合 GB 4053.1 和 GB 4053.2 的要求，便携式木梯和便携式金属梯应符合 GB 7059 和 GB 12142 的要求。

⑰ 便携式木梯和便携式金属梯梯脚底部应坚实，不得垫高使用。踏板不得有缺档。梯子的上端应有固定措施。立梯工作角度以 75°±5°为宜。梯子如需接长使用，应有可靠的连接措施，且接头不得超过 1 处。连接后梯梁的强度，不应低于单梯梯梁的强度。折梯使用时上部夹角以 35°～45°为宜，铰链应牢固，并应有可靠的拉撑措施。

（二）高处作业中的安全要求与防护

① 高处作业应设监护人对高处作业人员进行监护，监护人应坚守岗位。

② 作业中应正确使用防坠落用品与登高器具、设备。高处作业人员应系用与作业内容相适应的安全带，安全带应系挂在作业处上方的牢固构件上或专为挂安全带用的钢架或钢丝绳上，不得系挂在移动或不牢固的物件上；不得系挂在有尖锐棱角的部位。安全带不得低挂高用。系安全带后应检查扣环是否扣牢。

③ 作业场所有坠落可能的物件，应一律先行撤除或加以固定。高处作业所使用的工具、材料、零件等应装入工具袋，上下时手中不得持物。工具在使用时应系安全绳，不用时放入工具袋中。不得投掷工具、材料及其他物品。易滑动、易滚动的工具、材料堆放在脚手架上时，应采取防止坠落措施。高处作业中所用的物料，应堆放平稳，不妨碍通行和装卸。作业中的走道、通道板和登高用具，应随时清扫干净；拆卸下的物件及余料和废料均应及时清理运走，不得任意乱置或向下丢弃。

④ 雨天和雪天进行高处作业时，应采取可靠的防滑、防寒和防冻措施。凡水、冰、霜、雪均应及时清除。对进行高处作业的高耸建筑物，应事先设置避雷设施。遇有 6 级以上强风、浓雾等恶劣气候，不得进行特级高处作业、露天攀登与悬空高处作业。暴风雪及台风暴雨后，应对高处作业安全设施逐一加以检查，发现有松动、变形、损坏或脱落等现象，应立即修理完善。

⑤ 在临近有排放有毒、有害气体、粉尘的放空管线或烟囱的场所进行高处作业时，作业点的有毒物浓度应在允许浓度范围内，并采取有效的防护措施。在应急状态下，按应急预案执行；

⑥ 带电高处作业应符合 GB/T 13869 的有关要求。高处作业涉及临时用电时应符合 JCJ 46 的有关要求。

⑦ 高处作业应与地面保持联系，根据现场配备必要的联络工具，并指定专人负责联系。尤其是在危险化学品生产、储存场所或附近有放空管线的位置高处作业时，应为作业人员配备必要的防护器材（如空气呼吸器、过滤式防毒面具或口罩等），应事先与车间负责人或工长（值班主任）取得联系，确定联络方式，并将联络方式填入《高处安全作业证》的补充措施栏内。

⑧ 不得在不坚固的结构（如彩钢板屋顶、石棉瓦、瓦楞板等轻型材料等）上作业，登不坚固的结构（如彩钢板屋顶、石棉瓦、瓦楞板等轻型材料）作业前，应保证其承重的立柱、梁、框架的受力能满足所承载的负荷，应铺设牢固的脚手板，并加以固定，脚手板上要有防滑措施。

⑨ 作业人员不得在高处作业处休息。

⑩ 高处作业与其他作业交叉进行时，应按指定的路线上下，不得上下垂直作业，如果需要垂直作业时应采取可靠的隔离措施。

⑪ 在采取地（零）电位或等（同）电位作业方式进行带电高处作业时，应使用绝缘工具或穿均压服。

⑫ 发现高处作业的安全技术设施有缺陷和隐患时，应及时解决；危及人身安全时，应停止作业。

⑬ 因作业必需，临时拆除或变动安全防护设施时，应经作业负责人同意，并采取相应的措施，作业后应立即恢复。

⑭ 防护棚搭设时，应设警戒区，并派专人监护。

⑮ 作业人员在作业中如果发现情况异常，应发出信号，并迅速撤离现场。

五、作业票证的审批

1. 一级高处作业

一级高处作业和在坡度大于45°的斜坡上面的高处作业由车间负责审批。

2. 二级、三级高处作业

二级、三级高处作业及下列情形的高处作业由车间审核后，报厂相关主管部门审批。

① 在升降（吊装）口、坑、井、池、沟、洞等上面或附近进行高处作业；

② 在易燃、易爆、易中毒、易灼伤的区域或转动设备附近进行高处作业；

③ 在无平台、无护栏的塔、釜、炉、罐等化工容器、设备及架空管道上进行高处作业；

④ 在塔、釜、炉、罐等设备内进行高处作业；

⑤ 在临近有排放有毒、有害气体、粉尘的放空管线或烟囱及设备高处作业。

3. 特级高处作业

特级高处作业及下列情形的高处作业由单位安全部门审核后，报主管安全负责人审批。

① 在阵风风力为6级（风速10.8m/s）及以上情况下进行的强风高处作业；

② 在高温或低温环境下进行的异温高处作业；

③ 在降雪时进行的雪天高处作业；

④ 在降雨时进行的雨天高处作业；

⑤ 在室外完全采用人工照明进行的夜间高处作业；

⑥ 在接近或接触带电体条件下进行的带电高处作业；

⑦ 在无立足点或无牢靠立足点的条件下进行的悬空高处作业。

4.《高处安全作业证》

作业负责人应根据高处作业的分级和类别向审批单位提出申请，办理《高处安全作业证》。《高处安全作业证》一式三份，一份交作业人员，一份交作业负责人，一份交安全管理部门留存，保存期1年。

《高处安全作业证》有效期7d，若作业时间超过7d，应重新审批。对于作业期较长的项目，在作业期内，作业单位负责人应经常深入现场检查，发现隐患及时整改，并做好记录。若作业条件发生重大变化，应重新办理《高处安全作业证》。

六、作业过程中的监护

高处作业应与地面保持联系，根据现场情况配备必要的联络工具，并指定专人负责联系。

① 监护人一般在地面上或坠落面上进行监护，建立联系信号，时刻与高处作业人员保持有效联系，监护人不得离开作业现场，发现问题及时处理并通知作业人员停止作业。

② 作业前，会同作业人员检查脚手架、防护网、梯子等登高工具、防护措施完好情况，保持疏散通道畅通。

③ 设置警戒线或警戒标志，防止无关人员进入有可能发生物体坠落的区域。根据现场情况配备必要的联络工具，并由监护人负责联系。

④ 监督作业人员劳动保护用品的正确使用，物品、工具的安全摆放，防止发生高处坠物。

⑤ 在作业中如发现情况异常时，应发出信号，并迅速组织作业人员撤离现场。

七、作业完成后的验收

① 高处作业完工后，作业现场清扫干净，作业用的工具、拆卸下的物件及余料和废料应清理运走。

② 脚手架、防护棚拆除时，应设警戒区，并派专人监护。拆除脚手架、防护棚时不得上部和下部同时施工。

③ 高处作业完工后，临时用电的线路应由具有特种作业操作证书的电工拆除。

④ 高处作业完工后，作业人员要安全撤离现场，验收人在《高处安全作业证》上签字。

八、高处作业相关安全器具

① 高处作业均应先搭设脚手架、使用高空作业车、升降平台等技术手段。

② 凡在高度在2m以上的地点作业时，都应视作高处作业，应使用安全带，在未搭设脚手架或脚手架无栏杆情况下，高度在1.5m即应使用安全带。安全带应正确使用，并按周期进行试验合格。

③ 脚手架的安装、拆除和使用应执行行业相关规定及国家相关规定。

④ 使用梯子时应坚固完整，有防滑措施。梯子的支柱应能承受作业人员及所携带的工具、材料攀登时的总质量。梯阶的距离不应大于40cm，并在距梯顶1m处设限高标志。使用单梯工作时，梯与地面的斜角度约为60°。

⑤ 个人防护安全措施。高处作业时必须使用安全带、安全绳。同时，应戴好安全帽。

【考核评价】

问答题

1. 高处作业对作业人员有哪些要求?

2. 请简述登高作业应注意的安全事项及作业流程（分作业前、作业中、作业后作答）。

参考答案:

1. 高处作业人员及搭设高处作业安全设施的人员，应经过专业技术培训及专业考试合格，持证上岗，并应定期进行体格检查。对患有职业禁忌证（如高血压、心脏病、贫血病、癫痫病、精神疾病等）、年老体弱、疲劳过度、视力不佳及其他不适于高处作业的人员，不得进行高处作业。

2. 作业前：①办理高空作业票；②根据作业内容及作业高度选择合适的登高安全用具（安全带，脚手架）；③检查安全设施是否齐全有效；④作业人员的精神状态；⑤设专人监护。

作业中：①作业区域下方应拉设警戒带，禁止无关人员通行；②一切物品要用葫芦、吊绳或工具袋吊落，严禁抛接；③现场负责人如发现高处作业人员不按规定作业时，要立即指出或停止其作业；④监护人要坚守岗位。

作业后：清理作业现场，拆除登高用具，确保安全后离开现场。

任务五
吊装作业

【任务描述】

起重吊装作业是指将机械设备或其他物件从一个地方运送到另一个地方的一种工业过程，属于特种作业，具有作业环境复杂、技术难度大的特点。吊装作业也是石油化工装置安装施工活动的关键环节，尤其是大型炼油化工装置安装施工作业，具有设备直径大、本体重、交叉作业配合多、高空作业量大的特点。近年来，炼化装置的安装有减少占地面积、向空间发展的趋势，吊装作业的任务量和作业风险也随之增加，安全管理与控制的难度也进一步加大。

发生吊装作业事故的原因有很多，其中由于违章作业所造成的事故最多。据有关统计，大约占吊装作业事故总数的60.5%。其中，操作不当的事故占总起数的8.5%；无证操作导致的事故占总起数的8%；其他是由于缺乏安全装置或安全装置失灵造成的。从主观和客观原因两个方面来看，由主观原因导致的事故占大多数。据不完全统计，85%～90%的安全事故都是因操作者的差错造成的，包括违章作业、无证操作、操作不当、检修不良、管理不善、指挥不当等，而因设备缺陷造成的事故，只占少部分，占总起数的10%～15%。

【相关知识】

知识点一 吊装作业

一、吊装作业

在检维修过程中利用各种吊装机具将设备、工件、器具、材料等吊起，使其发生位置变化的作业过程，如图2-7所示。

吊装机具：系指桥式起重机、门式起重机、装卸机、缆索起重机、汽车起重机、轮胎起重机、履带起重机、铁路起重机、塔式起重机、门座起重机、桅杆起重机、升降机、电葫芦及简易起重设备和辅助用具。

图 2-7 吊装作业

二、吊装作业分级

（一）吊装作业按吊装重物的质量分为三级

① 一级吊装作业吊装重物的质量大于100t；

② 二级吊装作业吊装重物的质量40（含）～100t（含）；

③ 三级吊装作业吊装重物的质量小于40t。

（二）吊装作业分类

吊装作业按吊装作业级别分为三类：

① 一级吊装作业为大型吊装作业；

② 二级吊装作业为中型吊装作业；

③ 三级吊装作业为一般吊装作业。

三、吊装作业安全管理基本要求

（一）作业前的安全检查

吊装作业前应进行以下项目的安全检查：

① 相关部门应对从事指挥和操作的人员进行资质确认。

② 相关部门进行有关安全事项的研究和讨论，对安全措施落实情况进行确认。

③ 实施吊装作业单位的有关人员应对起重吊装机械和吊具进行安全检查确认，确保处于完好状态。

④ 实施吊装作业单位使用汽车吊装机械时，要确认安装有汽车防火罩。

⑤ 实施吊装作业单位的有关人员应对吊装区域内的安全状况进行检查（包括吊装区域的划定、标识、障碍）。警戒区域及吊装现场应设置安全警戒标志，并设专人监护，非作业人员禁止入内。安全警戒标志应符合GB 2894《安全标志及其使用导则》的规定。

⑥ 实施吊装作业单位的有关人员应在施工现场核实天气情况。室外作业遇到大雪、暴雨、大雾及6级以上大风时，不应安排吊装作业。

（二）作业中安全措施

① 吊装作业时应明确指挥人员，指挥人员应佩戴明显的标志；应佩戴安全帽，安全帽应符合GB 2811的规定。

② 应分工明确、坚守岗位，并按GB 5082《起重吊运指挥信号》规定的联络信号，统一指挥。指挥人员按信号进行指挥，其他人员应清楚吊装方案和指挥信号。

③ 正式起吊前应进行试吊，试吊中检查全部机具、地锚受力情况，发现问题应将工件放回地面，排除故障后重新试吊，确认一切正常，方可正式吊装。

④ 严禁利用管道、管架、电杆、机电设备等作吊装锚点。未经有关部门审查核算，不得将建筑物、构筑物作为锚点。

⑤ 吊装作业中，夜间应有足够的照明。室外作业遇到大雪、暴雨、大雾及6级以上大

风时，应停止作业。

⑥ 吊装过程中，出现故障，应立即向指挥人员报告，没有指挥令，任何人不得擅自离开岗位。

⑦ 起吊重物就位前，不许解开吊装索具。

⑧ 利用两台或多台起重机械吊运同一重物时，升降、运行应保持同步；各台起重机械所承受地载荷不得超过各自额定起重能力的80%。

（三）操作人员应遵守的规定

① 按指挥人员所发出的指挥信号进行操作。对紧急停车信号，不论由何人发出，均应立即执行。

② 司索人员应听从指挥人员的指挥，并及时报告险情。

③ 当起重臂吊钩或吊物下面有人，吊物上有人或浮置物时，不得进行起重操作。

④ 严禁起吊超负荷或重物质量不明和埋置物体；不得捆挂、起吊不明质量、与其他重物相连、埋在地下或与其他物体冻结在一起的重物。

⑤ 在制动器、安全装置失灵、吊钩防松装置损坏、钢丝绳损伤达到报废标准等情况下严禁起吊操作。

⑥ 应按规定负荷进行吊装，吊具、索具经计算选择使用，严禁超负荷运行。所吊重物接近或达到额定起重吊装能力时，应检查制动器，用低高度、短行程试吊后，再平稳吊起。

⑦ 重物捆绑、紧固、吊挂不牢，吊挂不平衡而可能滑动，斜拉重物，棱角吊物与钢丝绳之间没有衬垫时不得进行起吊。

⑧ 不准用吊钩直接缠绕重物，不得将不同种类或不同规格的索具混在一起使用。

⑨ 吊物捆绑应牢靠，吊点和吊物的中心应在同一垂直线上。

⑩ 无法看清场地、无法看清吊物情况和指挥信号时，不得进行起吊。

⑪ 起重机械及其臂架、吊具、辅具、钢丝绳、缆风绳和吊物不得靠近高低压输电线路。在输电线路近旁作业时，应按规定保持足够的安全距离，不能满足时，应停电后再进行起重作业。

⑫ 停工和休息时，不得将吊物、吊笼、吊具和吊索吊在空中。

⑬ 在起重机械工作时，不得对起重机械进行检查和维修；在有载荷的情况下，不得调整起升变幅机构的制动器。

⑭ 下方吊物时，严禁自由下落（溜）；不得利用极限位置限制器停车。

⑮ 遇大雪、暴雨、大雾及6级以上大风时，应停止露天作业。

⑯ 用定型起重吊装机械（例如履带吊车、轮胎吊车、桥式吊车等）进行吊装作业时，除遵守本标准外，还应遵守该定型起重机械的操作规范。

（四）作业完毕作业人员应做的工作

① 将起重臂和吊钩收放到规定的位置，所有控制手柄均应放到零位，使用电气控制的起重机械，应断开电源开关。

② 对在轨道上作业的起重机，应将起重机停放在指定位置有效锚定。

③ 吊索、吊具应收回放置到规定的地方，并对其进行检查、维护、保养。

④ 对接替工作人员，应告知设备存在的异常情况及尚未消除的故障。

知识点二 吊装作业危险认知

一、案例分析

1. 事故经过

2004年10月27日，某石化总厂工程公司第一安装公司四分公司在某石化分公司炼油厂硫黄回收车间64万吨/年酸性水汽提装置V402原料水罐施工作业时，发生了重大爆炸事故，死亡7人，造成直接经济损失192万元。

2004年10月20日，64万吨/年酸性水汽提装置V403原料水罐发生撕裂事故造成该装置停产。为尽快修复破损设备、恢复生产，石化分公司炼油厂机动处根据石化《关联交易合同》将抢修作业委托给石化总厂工程公司第一安装公司。该公司接到石化分公司炼油厂硫黄回收车间V403原料水罐维修计划书后安排下属的四分公司承担该次修复施工作业任务。修复过程中为了加入盲板，需要将V406与V407两个水封罐以及原料水罐V402与V403的连接平台吊下。

10月27日上午8:00，四分公司施工员带领16名施工人员到达现场。8:20施工员带领两名管工开始在V402罐顶安装第17块盲板。8:25吊车起吊，V406罐和V402罐连接管线管工将盲板放入法兰内并准备吹扫。8:45吹扫完毕后管工将法兰螺栓紧固。9:20左右施工员到硫黄回收车间安全员处取回火票，并将火票送给V402罐顶气焊工，同时硫黄回收车间设备主任、设备员、监火员和操作工也到V402罐顶。9:40左右在生产单位的指导配合下气焊工开始在V402罐顶排气线0.8m处动火切割。9:44管线切割约一半时V402罐发生爆炸着火。10:45火被彻底扑灭。爆炸导致2人当场死亡、5人失踪。

2. 事故原因

事故的直接原因是V402原料水罐内的爆炸性混合气体从与V402罐相连接的$DN200$管线根部焊缝或V402罐壁与罐顶板连接焊缝开裂处泄漏遇到在V402罐上气割$DN200$管线作业的明火或飞溅的熔渣引起爆炸。

“10.27”事故是一起典型的由于“三违”造成的重大安全生产责任事故。通过对事故的调查和分析，石化总厂主要存在以下四个方面的问题：

① 违反火票办理程序，执行用火制度不严格。动火人未在火票相应栏目中签字确认而由施工员代签。在动火点未作有毒有害及易燃易爆气体采样分析、动火作业措施还没有落实的情况下就进行动火作业，没有履行相互监督的责任，违反了《动火作业管理制度》。

② 违反起重吊装作业安全管理规定，吊装作业违章操作。吊车在施工现场起吊$DN200$管线时该管线一端与V406罐相连，另一端通过法兰与V402罐相连，在这种情况下起吊违反了《起重吊装作业安全规定》。

③ 违反特种作业人员管理规定，气焊工无证上岗。在V402罐顶动火切割$DN200$管线的气焊工没有“金属焊接切割作业操作证”，安全意识低下，自我保护意识差。

④ 不重视风险评估，对现场危害因素识别不够。施工人员对V402酸性水罐存在的风险不清楚，对现场危害认识不足，没有采取有效的防控措施。

二、吊装作业事故特点

（一）事故群体化

吊装作业与一人一机在较小范围内的固定作业方式有很大区别。吊装作业需要多人参与、协同配合。石化工程施工过程中，在吊装作业区域内集聚着大量施工人员，一旦发生事故往往涉及许多人。

（二）事故后果严重

起重事故不仅可能导致人员伤害，还往往伴随着大面积设备设施的损坏。尤其是设备坠落和金属结构垮塌失稳，往往造成恶性事故。吊装作业范围越大、起重吨位越高，可能造成事故后果的程度就越严重。

（三）事故类型集中

机械伤害事故是吊装作业的主要事故类型，如：重物坠落、平挤碾压、物体打击、吊车倾翻事故等。此外，还可能发生触电或由物料造成的其他伤害。在一台设备上可能发生的事故类型多且集中。

三、吊装作业常见事故

（一）吊耳与塔壁连接处出现变形造成事故隐患

当立式容器吊装采用管式吊耳时，吊耳的一端直接与塔壁焊接，另一端使用盲板。若使用不当（不匹配），就会给吊装作业埋下事故隐患。

（二）吊车吊绳、钢丝绳电打火造成事故

这类事故是吊装作业中最常见的事故。炼化工程项目施工现场交叉作业多，一般都比较复杂，尤其是电焊把线纵横交错，有时甚至有裸露的地方，当主吊绳与之接触时，发生电火花现象，主吊绳断裂，引发事故。

（三）“支车”不当，造成事故

这类事故多发生在吊装物悬空状态。当吊装物处于悬空状态时，吊车某一方位向下倾斜，出现重心偏移，引发事故。

（四）“翻转”作业过程中出现意外“冲击荷载”引发事故

在安装作业活动中，由于工艺或工序的需要，将塔、容器的某一段或其他重物件沿竖直方向翻转 180°，实现上下调位，以利于焊接、内件安装、衬里等下道工序的顺利进行。这一工艺在催化装置的反应器和再生器施工中应用最多，且事故频发倾向也较突出，是吊装安全管理与控制的重点和难点。当翻转物处于吊装状态并翻转到 90°时，突然向翻转方向急速产生“冲击荷载”造成主吊绳断裂，吊装物坠落，同时吊车吊臂向后反弹，甚至折断坠落，还有可能造成人身伤亡。

（五）吊装机索具使用不当引发事故

这类事故多发生在配合性的中间吊装作业活动中，当技术人员对主吊绳受力计算有误，而使操作人员错用索具、主吊绳等，或技术人员对吊装过程中吊装物不同吊装状态的势能释放认识不足，吊装作业方案不完善，在吊装作业过程中出现主吊钢丝绳断裂，引发事故。

（六）作业过程中吊装指挥人员指挥不当造成事故

在现代装备条件下，人、机、环境的匹配水平都比较高，当不完备的方案被执行时，主吊绳的受力会显示出来，且超荷载时亮黄、红灯或报警，这时，现场作业指挥人员如不及时下令采取措施，而强行继续作业时，就可能出现主吊钢丝绳断裂，引发大型事故。

（七）大型吊装

在吊装前全面检查不细，不能及时消除事故隐患而引发事故。

四、相关安全措施

① 三级以上的吊装作业，应编制吊装作业方案。吊装物体质量虽不足 40t，但形状复杂、刚度小、长径比大、精密贵重；在作业条件特殊的情况下，也应编制吊装作业方案，吊装作业方案应经审批。

② 吊装现场应设置安全警戒标志，并设专人监护，非作业人员禁止入内，安全警戒标志应符合 GB 2894 的规定。

③ 不应靠近输电线路进行吊装作业。确需在输电线路附近作业时，起重机械的安全距离应大于起重机械的倒塌半径并符合 DL 409 的要求；不能满足时，应停电后再进行作业。吊装场所如有含危险物料的设备、管道等时，应制定详细吊装方案，并对设备、管道采取有效防护措施；必要时停车，放空物料，置换后再进行吊装作业。

④ 大雪、暴雨、大雾及 6 级以上大风时，不应露天作业。

⑤ 作业前，作业单位应对起重机械、吊具、索具、安全装置等进行检查，确保其处于完好状态。

⑥ 应按规定负荷进行吊装，吊具、索具经计算选择使用，不应超负荷吊装。

⑦ 不应利用管道、管架、电杆、机电设备等作吊装锚点。未经土建技术人员的专业审查核算，不应将建筑物、构筑物作为锚点。

⑧ 起吊前应进行试吊，试吊中检查全部机具、地锚受力情况，发现问题应将吊物放回地面，排除故障后重新试吊，确认正常后方可正式吊装。

⑨ 指挥人员应佩戴明显的标志，并按 GB 5082 规定的联络信号进行指挥。

【任务实施】

一、作业人员的选择

（一）起重机械操作人员

① 按指挥人员发出的指挥信号进行操作；任何人发出的紧急停车信号均应立即执行；

吊装过程中出现故障，应立即向指挥人员报告。

② 重物接近或达到额定起重吊装能力时，应检查制动器，用低高度、短行程试吊后，再吊起。

③ 利用两台或多台起重机械吊运同一重物时应保持同步，各台起重机械所承受的载荷不应超过各自额定起重能力的80%。

④ 下放吊物时，不应自由下落（溜）；不应利用极限位置限制器停车。

⑤ 不应在起重机械工作时对其进行检修；不应有载荷的情况下调整起升变幅机构的制动器。

⑥ 停工和休息时，不应将吊物、吊笼、吊具和吊索悬在空中。

⑦ 以下情况不应起吊。

a. 无法看清场地、吊物，指挥信号不明；

b. 起重臂吊钩或吊物下面有人、吊物上有人或浮置物；

c. 重物捆绑、紧固、吊挂不牢，吊挂不平衡，绳打结，绳不齐，斜拉重物，棱角吊物与钢丝绳之间没有衬垫；

d. 重物质量不明、与其他重物相连、埋在地下、与其他物体冻结在一起。

（二）司索人员

① 听从指挥人员的指挥，并及时报告险情。

② 不应用吊钩直接缠绕重物及将不同种类或不同规格的索具混在一起使用。

③ 吊物捆绑应牢靠，吊点和吊物的重心应在同一垂直线上；起升吊物时应检查其连接点是否牢固、可靠；吊运零散件时，应使用专门的吊篮、吊斗等器具，吊篮、吊斗等不应装满。

④ 起吊重物就位时，应与吊物保持一定的安全距离，用拉伸或撑杆、钩子辅助其就位。

⑤ 起吊重物就位前，不应解开吊装索具。

⑥ 与司索工有关的不应起吊的情况，司索工应做相应处理。

⑦ 用定型起重机械（例如履带吊车、轮胎吊车、桥式吊车等）进行吊装作业时，除遵守本标准外，还应遵守该定型起重机械的操作规程。

二、作业票证的办理

《吊装安全作业证》格式如表2-9所示。

表2-9 《吊装安全作业证》格式

吊装地点		吊装工具名称		作业证编号	
吊装人员及特殊工种作业证号			监护人		
吊装指挥及特殊工种作业证号			起吊重物质量/t		
作业时间	自 年 月 日 时 分始至 年 月 日 时 分止				
吊装内容					
危害辨识					

序号	安全措施	确认人
1	吊装质量大于等于40t的重物和土建工程主体结构；吊装物体虽不足40t，但形状复杂、刚度小、长径比大、精密贵重，作业条件特殊，已编制吊装作业方案，且经作业主管部门和安全管理部门审查，报主管（副总经理/总工程师批准）	
2	指派专人监护，并坚守岗位，非作业人员禁止入内	

续表

序号	安全措施	确认人
3	作业人员已按规定佩戴防护器具和个体防护用品	
4	已与分厂(车间)负责人取得联系,建立联系信号	
5	已在吊装现场设置安全警戒标志,无关人员不许进入作业现场	
6	夜间作业采用足够的照明	
7	室外作业遇到(大雪/暴雨/大雾/6级以上大风),已停止作业	
8	检查起重吊装设备、钢丝绳、缆风绳、链条、吊钩等各种机具,保证安全可靠	
9	明确分工、坚守岗位,并按规定的联络信号,统一指挥	
10	将建筑物、构筑物作为锚点,需经工程处审查核算并批准	
11	吊装绳索、缆风绳、拖拉绳等避免同带电线路接触,并保持安全距离	
12	人员随同吊装重物或吊装机械升降,应采取可靠的安全措施,并经过现场指挥人员批准	
13	利用管道、管架、电杆、机电设备等作吊装锚点,不准吊装	
14	悬吊重物下方站人、通行和工作,不准吊装	
15	超负荷或重物质量不明,不准吊装	
16	斜拉重物、重物埋在地下或重物坚固不牢,绳打结、绳不齐,不准吊装	
17	棱角重物没有衬垫措施,不准吊装	
18	安全装置失灵,不准吊装	
19	用定型起重吊装机械(履带吊车/轮胎吊车/桥式吊车等)进行吊装作业,遵守该定型机械的操作规程	
20	作业过程中应先用低高度、短行程试吊	
21	作业现场出现危险品泄漏,立即停止作业,撤离人员	
22	作业完成后现场杂物已清理	
23	吊装作业人员持有法定的有效证件	
24	地下通信电(光)缆、局域网络电(光)缆、排水沟的盖板,承重吊装机械的负重量已确认,保护措施已落实	
25	起吊物的质量(　　)t,经确认,在吊装机械的承重范围	
26	在吊装高度的管线、电缆桥架已做好防护措施	
27	作业现场围栏、警戒线、警告牌、夜间警示灯已按要求设置	
28	作业高度和转臂范围内,无架空线路	
29	人员出入口和撤离安全措施已落实:A. 指示牌;B. 指示灯	
30	在爆炸危险生产区域内作业,机动车排气管已装火星熄灭器	
31	现场夜间有充足照明:36V、24V、12V防水型灯;36V、24V、12V防爆型灯	
32	作业人员已佩戴防护器具	
33	其他安全措施:　　　　编制人:	
实施安全教育人		
生产单位安全部门负责人(签字):	生产单位负责人(签字):	
作业单位安全部门负责人(签字):	作业单位负责人(签字):	
审批部门意见 签字:　　　　年　月　日　时　分		

三、危害识别的告知

吊装作业危害识别如表 2-10 所示。

表 2-10　吊装作业危害识别

序号	危险	引发事故	控制措施
1	不按规定要求办理吊装作业许可证	违章作业引发事故	严格办理吊装作业许可证,严禁违章作业,严格按规定执行
2	作业人员安全防护措施不落实	引发事故,人员伤亡	落实安全措施,配备安全带、安全帽,相关救生设备等,严格检查
3	作业人员未进行安全教育	对危险源认识不足,造成人员伤害	作业前进行安全教育,对现场情况进行培训,严格按照规定执行

续表

序号	危险	引发事故	控制措施
4	监护不足,监护人不到位	出现事故不能及时处置,造成事故扩大	安排责任心强、有经验的人员进行监护,对安全措施进行严格检查。作业过程中不得脱离岗位
5	消防器材不足及救援应急措施不当	造成事故扩大,人员伤害	作业前仔细检查落实配备到位,备有消防器材和药品等急救用品
6	钢丝绳有断股,破损严重,安全系数不合要求	高处坠落,人员伤害	使用前认真检查,符合要求才能使用
7	作业材料、器具、设备等设施不安全	造成事故扩大,人员伤害	使用前认真检查,严格按规定执行
8	作业现场不符合要求,与各高空管线无安全距离	人员伤害	现场地面必须牢固、可靠,停放地点平坦。与高空管线有一定的安全距离。严格按规定执行
9	与现场联系不足,信号不明确,指挥混乱	人员伤害,财产损失	作业前与专人建立联系信号,统一指挥
10	现场未设置安全警戒标志或警戒线	无关人员进入造成人员伤害	划定警戒线,设置安全标志
11	非施工人员进入施工场地	引发事故,人员伤害	交叉施工区域设专人监护,或设置警告牌,按照规定执行
12	未严格执行吊装作业“十不吊”	人员伤害	严格执行规定:指挥信号不明或乱指挥不吊;超负荷或物件重量不明不吊;斜拉重物不吊;光线不足、看不清重物不吊;重物下或上站人不吊;重物埋在地下不吊;重物紧固不牢、绳打结、绳不齐不吊;棱刃物件没有放垫措施不吊;安全装置失灵不吊;6级强风区不吊
13	将建筑物、构筑物作吊装锚点	人员伤害	经生产技术部审查核算并批准,严格按规定执行。
14	作业过程中盲目起吊	人员伤害	必须先用低角度、短行程试吊,严格按照规定执行
15	吊起的重物在空中长时间或短时间停留	重物砸伤或机械倒塌	作业前培训,严格检查,违反者按规定进行处理
16	作业人员长时间在吊臂下停留	吊臂倒塌,造成人员伤亡	作业前培训,严格检查,违反者按规定进行处理
17	对吊起的重物进行加工	人员伤害	采取有效措施,专人监护
18	起重设备遇机械故障或不正常现象,在作业过程中进行调整或检修	高空坠落人员伤害	按照规定执行,作业前进行起重设备检查,记录归档
19	出现危险品泄漏或其他异常情况	人员伤害	停止作业,撤离人员
20	涉及危险作业组合,未落实相关安全措施,办理相关许可证	人员伤害	按照规定执行,办理相关许可证,落实相关安全措施
21	现场没有清理	人员伤害	及时清理

四、安全措施的落实

(一) 吊装前

① 根据起吊重物的具体情况选择相适应的索具,其允许承载能力必须大于物件的重量

并有一定的余量。吊索（含各分支）不得超过安全载荷（含高低温、腐蚀等特殊工况）。

② 钢丝绳无断丝、断股、严重磨损等现象。

③ 吊索外观完整，无破损，安全标签无损坏，U形环外观完整，无缺损，截面满足荷重要求。

④ 起吊工作区域应设置明显的安全警示标志。

（二）吊装作业中

① 起吊大的或不规则的构件时，应做到四角吊挂、平衡起吊，在构件上系以牢固的牵绳，各连接点应牢固可靠。

② 起吊时必须将绳索挂在设备的全部专用起吊点处（如吊耳、吊鼻、吊孔、牛腿），吊挂绳之间的夹角应小于120°，以免吊挂绳受力过大。

③ 绳、链、吊索所经过的棱角处应加衬垫，防止损坏吊件、吊具与索具，必要时应在吊件与吊索的接触处加保护衬垫。

④ 行车吊钩的吊点应与吊物重心在同一条铅垂线上，使吊物处于稳定平衡的状态。

⑤ 禁止人员站在吊物上一同起吊，严禁人员停留在吊物下方。起吊重物时，工作人员应与重物保持一定的安全距离。

⑥ 起吊前应对吊物经过的路线及放置地点进行检查确认，做好安全警示及准备工作，发现不安全情况时，应及时联系指挥或操作人员。

⑦ 捆绑后留出的绳头必须紧绕在吊钩或吊物上，防止吊物移动时，挂住沿途人员或物件。

⑧ 同时吊运2件以上重物时，要保持平衡，捆扎牢固，不得相互碰撞。

⑨ 起吊重物就位前，要垫好衬木或支撑，保持平衡；进入悬吊重物下方时，应先与司机或操作人员联系并设置好支撑装置。

⑩ 卸下运输车辆上的吊物，要注意观察中心是否平稳，确认不致倾倒时，方可松绑卸物。

⑪ 吊装货物应尽可能地降低高度，吊装闸板总成提环必须旋钮到位，严禁跨人吊装。

（三）吊装完成

工作结束后，所使用的绳索应放置在规定的地点。

五、作业票证的审批

① 吊装质量大于10t的重物应办理《吊装安全作业证》，《吊装安全作业证》由相关管理部门负责管理。《吊装安全作业证》见表2-9。

② 项目单位负责人从安全管理部门领取《吊装安全作业证》后，应认真填写各项内容，交作业单位负责人批准。对规定要求编制吊装方案的吊装作业，应将填好的《吊装安全作业证》与吊装方案一并报安全管理部门负责人批准。

③《吊装安全作业证》批准后，项目单位负责人应将《吊装安全作业证》交吊装指挥。吊装指挥及作业人员应检查《吊装安全作业证》，确认无误后方可作业。

④ 应按《吊装安全作业证》上填报的内容进行作业，严禁涂改、转借《吊装安全作业证》，严禁变更作业内容、扩大作业范围或转移作业部位。

⑤ 对吊装作业审批手续齐全，安全措施全部落实，作业环境符合安全要求的，作业人员方可进行作业。

⑥ 对吊装作业审批手续不全、安全措施不落实、作业环境不符合安全要求的，作业人员有权拒绝作业。

⑦ 作业前，应对照吊装安全作业证背面“安全措施”和企业补充的安全措施，在相应方框内画“√”。

⑧《吊装安全作业证》一式三份，审批后第一联交吊装指挥，第二联交项目单位，第三联交安全管理部门，保存一年。

六、作业过程中的监护

吊装作业监护人由施工单位指派，申请单位可根据作业需要增派监护人。

① 对作业票中安全措施的落实情况进行认真检查，发现制定的措施不当或落实不到位等情况时，应当立即制止作业。

② 对吊装作业现场负责监护，作业期间不得擅离现场或做与监护无关的事；当发现违章行为或意外情况时，应及时制止作业，立即采取应急措施并报警。

③ 作业完成后，检查作业现场，确认无安全隐患。

七、作业完成后的验收

作业完毕应做如下工作：

① 将起重臂和吊钩收放到规定位置，所有控制手柄均应放到零位，电气控制的起重机械的电源开关应断开。

② 对在轨道上作业的吊车，应将吊车停放在指定位置，有效锚定。

③ 吊索、吊具应收回，放置到规定位置，并对其进行例行检查。

八、吊装作业器具相关要求

① 起重吊装机具必须是按国家标准生产的产品。应按照国家标准规定对吊装机具进行日检、月检、年检。对检查中发现问题的吊装机具，应进行检修处理，并保存检修档案。

② 吊装作业前，作业人员必须对起重吊装设备的制动器、钢丝绳、缆风绳、链条、吊钩等各种机具进行检查。

③ 吊装作业现场的吊绳索、缆风绳、拖拉绳等应避免同带电线路接触，并保持安全距离。

④ 用定型起重吊装机械（履带吊车、轮胎吊车、桥式吊车等）进行吊装作业时，还应遵守该定型机械的操作规程。实施吊装作业单位使用汽车吊装机械，在进入防火防爆区域前要确认安装有汽车防火罩。

⑤ 吊装作业时，必须按规定负荷进行吊装，吊具、索具经计算选择使用，严禁超负荷运行。所吊重物接近或达到额定起重吊装能力时，应检查制动器，用低高度、短行程试吊后，再平稳吊起。

⑥ 进行吊装作业前施工单位作业负责人应检查确认起重机具、人员资质、作业环境是否符合。内容包括：

a. 检查吊钩、钢丝绳、环形链、滑轮组、卷筒、减速器等易损零部件的安全技术状况。

b. 检查电气装置、液压装置、离合器、制动器、限位器、防碰撞装置、警报器等操纵装置和安全装置是否符合使用安全技术条件，并进行无负荷运载试验。

c. 检查地面附着物情况、起重机械与地面的固定或垫木的设置情况，划定不准无关人员进入的危险区域并设警戒。

d. 检查确认起重机械作业时或在作业区静置时各部位活动空间范围内没有在用的电线、电缆和其他障碍物。

e. 检查吊具与吊索选择是否适当，其质量是否符合安全技术要求。

f. 检查施工技术方案及技术措施。

g. 检查施工机具、索具的实际配备是否与方案规定相符，如不相符，说明原因，并有审批意见。

h. 检查设备基础地脚螺栓是否符合质量要求。

i. 检查基础周围回填土夯实情况，施工现场是否平整。

j. 检查机具、隐蔽工程（如地锚、桅杆地基等）吊装保证措施的落实情况。

k. 检查待安装的设备或构件是否符合设计要求。

【考核评价】

问答题

1. 起吊作业施工应注意的基本事项是什么？

2. 简答起重操作中严格执行“十不吊”的原则是什么？

参考答案：

1. 施工中的工作人员，必须具备良好的专业起重工素质，由相对固定的人组成，按照场内的安全上岗要求经培训后精心操作。工作中戴好安全帽及劳动防护用品，不能穿拖鞋或凉鞋，做到安全文明施工。工作人员必须严格执行相关安全操作规程，操作正确、稳妥可靠、服从指挥、配合协调。

2. ① 指挥信号不明或乱指挥不吊；

② 超负荷或物件重量不明不吊；

③ 斜拉重物不吊；

④ 光线不足看不清重物不吊；

⑤ 重物下或上站人不吊；

⑥ 重物埋在地下不吊；

⑦ 重物紧固不牢、绳打结、绳不齐不吊；

⑧ 棱刃物件没有放垫措施不吊；

⑨ 安全装置失灵不吊；

⑩ 6 级强风区不吊。

任务六 临时用电作业

【任务描述】

临时用电作业是一项特殊高风险的作业，化工企业在紧急抢修、设备异常处理、项目改造、外来施工等情况下，都要进行临时用电作业。由于化工企业工作环境有别于其他企业，具有特殊性。临时用电作业又经常伴随有用电设备防爆选型不合理、保护及工作接地不规范、电气线路绝缘老化等问题。所以化工企业临时用电作业容易引发火灾爆炸、环境污染、人员中毒或触电等安全事故。

2002年10月26日，某化工厂30000m^{3}的402号原油罐，在进行清理罐底油渣时，因使用非防爆电气设备发生火灾，当场烧死1人。2008年7月8日，山东某化学有限公司进行袋装硫酸铵堆垛过程中，操作工移动输送机时发生触电事故，造成3人死亡。2013年9月14日，抚顺某化工有限公司在对物料罐进行检修作业时，在没有制定详细书面施工方案、违章审批临时用电作业票、未按规定办理动火作业票的情况下安排人员施工，发生火灾爆炸事故，共造成5人死亡。2017年8月6日江苏某公司发生一起触电事故，施工人员在无电工资质且未佩戴劳动防护用品的情况下接连用电线路，导致1人触电死亡，直接经济损失约120万元。因此对施工现场临时用电必须充分重视，通过强化现场管理来降低触电事故的发生。

【相关知识】

知识点一 临时用电

一、临时用电

1. 临时用电概念

临时用电是指在生产或施工作业区域范围内进行基建、检维修、技改及日常维护的临时性用电，图2-8为临时用电作业现场。

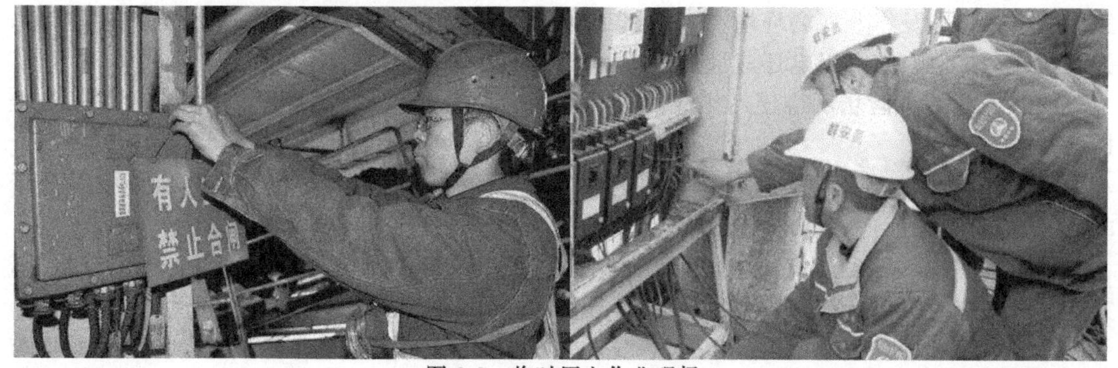

图2-8 临时用电作业现场

在运行的生产装置区、油品储罐区、容器、塔器内和具有火灾爆炸危险场所内必须进行临时用电作业时，必须事先取得《临时用电安全作业证》，且临时用电作业期限不得超过《临时用电安全作业证》的许可期限和范围。

2. 临时用电线路

除按标准成套配置的，有插头、连线、插座的专用接线排和接线盘以外的，所有其他用于临时性用电的电气线路，包括电缆、电线、电气开关、设备等简称临时用电线路。

二、临时用电安全要求

为确保作业安全，配送电单位送（停）电作业人员和施工单位安装临时用电线路的电气作业人员应持有效电工作业证。许可证审批人和监护人应持证上岗，安全监督部门负责组织业务培训，颁发资格证书。作业期间应全程视频监控。

（一）管理职责

① 各企业电气管理部门负责临时用电归口管理。

② 安全管理部门负责本单位临时用电的安全监督。

③ 配送电单位负责其管辖范围内临时用电的审批，负责配送电设施的运行管理，对施工单位的临时用电设施进行监督检查。

④ 临时用电单位负责许可证的申请。

⑤ 施工单位负责临时用电方案编制和所接临时用电的运行检查及安全管理。

（二）临时用电安全要求

① 在运行的生产装置、罐区和具有火灾爆炸危险场所内不应接临时电源，确需时应对周围环境进行可燃气体检测分析，分析结果应符合有关要求。

② 各类移动电源及外部自备电源，不应接入电网。

③ 动力和照明线路应分路设置。

④ 在开关上接引、拆除临时用电线路时，其上级开关应断电上锁并加挂安全警示标牌。

⑤ 临时用电应设置保护开关，使用前应检查电气装置和保护设施的可靠性。所有的临时用电均应设置接地保护。

⑥ 临时用电设备和线路应按供电电压等级和容量正确使用，所用的电器元件应符合国家相关产品标准及作业现场环境要求，临时用电电源施工、安装应符合 JGJ 46 的有关要求，并有良好的接地，临时用电还应满足如下要求：

a. 火灾爆炸危险场所应使用相应防爆等级的电源及电气元件，并采取相应的防爆安全措施；

b. 临时用电线路及设备应有良好的绝缘，所有的临时用电线路应采用耐压等级不低于 500V 的绝缘导线；

c. 临时用电线路经过有高温、振动、腐蚀、积水及产生机械损伤等区域，不应有接头，并应采取相应的保护措施；

d. 临时用电架空线应采用绝缘铜芯线，并应架设在专用电杆或支架上，其最大弧垂与地面距离，在作业现场不低于 2.5m，穿越机动车道时不低于 5m；

e. 对需埋地敷设的电缆线线路应设有走向标志和安全标志，电缆埋地深度不应小于 0.7m，穿越公路时应加设标志，并加设防护套管；

f. 现场临时用电配电盘、箱应有电压标识和危险标识，应有防雨措施，盘、箱、门应能牢靠关闭并能上锁；

g. 行灯电压不应超过 36V，在特别潮湿的场所或塔、釜、槽、罐等金属设备内作业，临时照明行灯电压不应超过 12V；

h. 临时用电设施应安装符合规范要求的漏电保护器，移动工具、手持式电动工具应逐个配置漏电保护器和电源开关。

⑦ 临时用电单位不应擅自向其他单位转供电或增加用电负荷，以及变更用电地点和用途。

⑧ 临时用电时间一般不超过 15d，特殊情况不应超过 1 个月。用电结束后，用电单位应及时通知供电单位拆除临时用电线路。

知识点二 危险分析认知

用电作业本身就是一项特殊作业，存在着很大的危险性，稍不注意，就会造成人员伤亡。临时用电又是非标准配置，临时用电的特点主要在于电气线路和设施处于“临时”状态，其安全保护措施不到位、施工现场条件差、人员复杂、工作紧张，导致发生事故的概率很大。由于临时用电是非标准配置，临时用电的随意性、非规范性现象比较突出，这也是造成事故频发的主要原因。

一、最常见的触电伤害事故

① 与带电导线直接接触；
② 与带电设备接触；
③ 与带电材料接触；
④ 与带电梯子接触。

二、施工临时用电三项原则

① 采用三级配电系统；
② 采用 TN-S 接零保护系统；
③ 采用二级漏电保护系统。

三、典型案例

2004 年 9 月 17 日 23:00 左右，某石油化工公司建安总公司抢修公司，在某石化分公司 60 万吨/年连续重整装置的抢修施工作业中，发生一起触电事故，造成 2 人死亡。

（一）事故经过

抢修公司和电气公司都是建安总公司所属的基层单位，抢修公司主要负责对该石化分公司的生产装置进行生产保运和抢修工作，电气公司负责该石化分公司动力配电和日常维护、抢修工作。

2004 年 9 月 17 日 15:00 左右，电气公司连续重整装置维护点点长邓某根据该石化分公司下达的设备抢修计划，安排本班电工秦某在下班前到连续重整装置内 E-107 换热器处，安装两台临时照明灯。秦某接到指令后，在维护点仓库内行灯变压器被别人取走的情况下，没有继续寻找，也没有请示点长，擅自将防爆型 36V 行灯的灯罩打开，换上 230V/100W 的灯泡。16:00 左右，秦某带领刘某（实习生）到现场，通过现场配置的防爆开关箱，安装了一台220V固定式探照灯和一台220V手提式防爆行灯，没有在临时供电线路上安装漏电保护器。

18:00左右，抢修公司根据该石化分公司抢修计划，安排王某、孙某等四人，执行连续重整装置E-107换热器抢修作业。

21:30左右，电气公司值班人员接到抢修公司作业人员电话："施工现场使用的行灯罩碎了，需马上更换"。电气公司值班人员白某、张某到现场更换。没能及时发现行灯使用非安全电压问题，错过了消除事故隐患的良机。

22:30左右，天降大雨，地面积水，抢修作业仍继续进行。23:00左右，王某在水中移动手提式行灯时，忽然触电倒地。孙某发现其倒地后，没意识到其是触电，便上前扯拽行灯，也被电击倒。经送某医科大学附属二院抢救无效，2人于当晚死亡。

（二）事故原因

1. 直接原因

电气公司电工秦某安全意识淡薄，在安装临时照明灯时，违反了"用于临时照明的行灯，其电压不超过36V""临时供电设备或现场用电设施必须安装漏电保护器"及《电气安全工作规程》的有关规定，擅自将220V的交流电压接至照明行灯，既未安装漏电保护器，也未向在场的用电人员详细交代注意事项。当晚下雨后，由于电缆接头处浸于地面积水中发生漏电，致使行灯金属外壳带电，从而导致抢修公司作业人员王某、孙某相继触电死亡。

2. 间接原因

① 电气公司夜间值班人员白某、张某二人，安全意识淡薄，工作责任心不强，在现场更换行灯灯泡时，没有认真检查，也没有对现场违规接电情况及时纠正，致使现场违规采用220V的行灯继续使用。

② 电气公司维护点点长邓某，在没有受理临时用电票的情况下，即安排人员去现场安装临时照明，违反了"企业内各种临时用电，作业前必须按规定办理临时用电作业票，严禁无票作业"的规定。

③ 电气公司维护点没有严格执行设备保管使用制度，在缺少拉接安全行灯变压器的条件下，没有及时采取补救措施，为事故的发生埋下了隐患。

④ 天气骤变，突降大雨，诱发了此次事故的发生。

3. 管理原因

① 抢修公司在办理完《施工作业票》《准许用货票》等有关作业票以后，没有按规定办理《临时用电作业票》。

② 抢修公司安全防范意识不足，对夜间抢修作业现场监督不力。在突降大雨的情况下，没有及时采取应对防范措施。

③ 抢修作业人员风险意识不强，识险、避险能力差。雨中移动用电设备致使事故引发。在王某发生触电事故之后，孙某未能意识到危害程度，采取不合理的施救手段，造成了事故的进一步扩大。

④ 建安总公司缺乏针对性的安全教育和知识培训，缺乏对作业现场的监督检查，使习惯性违章得不到及时纠正。

（三）事故教训及防范措施

① 现场安全生产管理混乱，基层单位安全生产责任制不落实，规章制度执行不到位。

因此，要认真汲取“9·17”事故教训，坚决遏制各类事故的发生，尽快扭转安全生产的被动局面。从上至下，统一思想，强化执行，按照“谁主管、谁负责”的原则，落实安全管理职责。

② 生产组织不严，工作中缺乏对施工现场的安全管理和施工作业票的监督管理。

因此，要进一步建立健全安全监督管理体制，完善各项规章制度。加强各级领导干部的作风建设，经常深入作业现场，定期参加班组安全活动，了解并帮助解决安全工作中存在的实际问题。开展“百日安全无事故”活动，通过以“查思想、查制度、查违章、查隐患”为主要内容的“四查”活动，严厉查处各类“三违”行为。

③ 对现场作业工作的危险性认识和安全防范意识不足，防范措施不到位，缺乏对作业现场的安全检查和监督，对作业现场的安全管理失查，使职工习惯性违章得不到及时纠正。

因此，要强化对生产经营场所及施工作业现场的安全检查和监督，确保施工作业现场不留隐患，努力实现施工现场标准化。坚持以人为本的思想，在天气变化和作业环境恶劣的情况下，按章办事，规范作业行为，保证施工作业的安全。同时要根据生产实际需要，切实增加和落实安全费用的投入，加大隐患的整改力度，提高安全设施及装备水平，创造良好的安全生产条件。

④ 作业人员风险意识不强，识险、避险能力差。在突降大雨的情况下，没有及时采取应对防范措施。采取不合理的施救手段，造成了事故的进一步扩大。

因此，要进一步强化一线职工的安全意识和安全技能培训，针对不同岗位情况，制定有针对性的培训方案，分期分批地进行安全教育和培训，切实提高一线职工的操作技能和应急处理能力。

【任务实施】

一、作业人员的选择

安装、维修、拆除临时用电线路的作业人员必须持有有效电工作业证，按规定佩戴个人防护装备并有人监护。

1. 临时用电审批人安全职责

懂电气技术和防火防爆知识，其资格必须经本单位审查确认和书面公布；亲临现场检查，充分了解临时用电地点的环境状况，审查申请人提出的措施是否得当，确认后方可签发用电票；派电工送上临时用电电源；随时检查现场安全用电情况，有权停止违章者作业，并通知电工断开电源。

2. 临时用电票执行电工安全职责

根据临时用电票审批人的指令和用电的书面要求连接和送电源，用电结束后及时断开或拆除电源，不留隐患；随时检查现场的安全措施是否和用电票相符，否则可要求作业人员立即更改，必要时可断开电源或拒绝送电，并报告用电审批人。

3. 管理人员安全职责

随时检查现场临时用电安全情况，及时纠正并制止违章作业，对违章者酌情进行处理。

二、作业票证的办理

《临时用电安全作业证》格式如表 2-11 所示。

表 2-11《临时用电安全作业证》格式

申请单位		申请人		作业证编号	
作业时间	自　年　月　日　时　分始至　年　月　日　时　分止				
作业地点					
电源接入点		工作电压			
用电功率及设备					
作业人		电工证号			
危害辨识					

序号	安全措施	确认人
1	安装临时线路人员持有电工作业操作证	
2	在防爆场所使用的临时电源、电气原件达到相应的防爆等级要求	
3	临时用电的单项和混用线路采用五线制	
4	临时用电线路在装置内不低于 2.5m,道路不低于 5m	
5	临时用电线路架空进线未采用裸线,未在树或脚手架上架设	
6	暗管埋设及地下电缆线路设有“走向标志”和“安全标志”,电缆埋深大于 0.7m	
7	现场临时用配电盘、箱有防雨措施	
8	临时用电设施装有漏电保护器,移动工具、手持工具“一机一闸一保护”	
9	用电设备、线路容量、负荷符合要求	
10	其他安全措施： 编制人：	

实施安全教育人			

作业单位意见

签字：　年　月　日　时　分

配送电单位意见

签字：　年　月　日　时　分

审批部门意见

签字：　年　月　日　时　分

完工验收：

签字：　年　月　日　时　分

临时用电必须办理作业许可证，凭证作业。在运行的生产装置、罐区和具有火灾爆炸危险场所内不得随意接临时电源。凡在具有火灾爆炸危险场所内的临时用电，在办理临时用电作业许可证前，应按照规定办理用火作业许可证。

临时用电的施工单位负责人持《电工作业操作证》《用火作业许可证》、临时用电方案（使用 6kV 及以上临时电源）、施工作业单等资料到配送电单位办理许可证。

配送电单位负责人应对作业程序和安全措施进行现场确认后，签发作业许可证。

三、危害识别的告知

临时用电单位会同施工单位针对作业内容组织进行 JSA 分析，制订相应的安全措施；配送电单位在签发临时用电作业许可证前，应针对作业内容进行危害识别，落实相应的作业程序及安全措施；每次作业执行的安全措施须填入许可证。

临时用电危害识别如表 2-12 所示。

表 2-12 临时用电危害识别

序号	危险因素	造成事故	管控措施
1	不按规定要求办理用电许可证，乱接电源	触电、人员伤害	严格执行《临时用电作业安全管理制度》
2	电工不掌握使用设备的性能或缺乏相应专业知识	触电、人员伤害	配备专业电工进行作业，严格执行《临时用电作业安全管理制度》
3	电源线路、绝缘不符合要求，有断裂破损情况	触电、人员伤害	更换符合标准的电线，严格执行《临时用电作业安全管理制度》
4	电工个人防护用品佩戴不齐或佩戴不当	触电、人员伤害	必须使用符合要求的防护用品、绝缘工具，严格执行《临时用电作业安全管理制度》
5	电箱安装位置不当，现场重要或危险部位没有醒目电气安全标志	触电、人员伤害	专业电工负责进行安装，设置明显安全标志，严格执行《临时用电作业安全管理制度》
6	停电时未挂警示牌，带电作业现场无监护人	触电、人员伤害	悬挂警示牌，安排责任心强的监护人，严格执行《临时用电作业安全管理制度》
7	电缆过路无保护措施	触电、人员伤害	电缆进行穿管埋地保护措施，严格执行《临时用电作业安全管理制度》
8	搬迁或移动用电设备未切断电源，未经电工妥善处理	触电、人员伤害	专业电工负责相关事项，严格执行《临时用电作业安全管理制度》
9	施工用电设备和设施线路裸露，电线老化、破皮未包	触电、人员伤害	更换符合标准的电线，严格执行《临时用电作业安全管理制度》
10	36V 安全电压照明线路混乱，接头处未用绝缘胶布包扎	触电、人员伤害	严格执行《临时用电作业安全管理制度》
11	在潮湿场所不使用安全电压	触电、人员伤害	按照规定使用安全电压，严格执行《临时用电作业安全管理制度》
12	开关箱无漏电保护器或失灵	触电、人员伤害	安装漏电保护器，严格执行《临时用电作业安全管理制度》
13	电箱无门锁、无防雨措施	触电、人员伤害	增加门锁及防雨措施，严格执行《临时用电作业安全管理制度》
14	各种设备未做保护接零或无漏电保护器	触电、人员伤害	做好保护接零或安装漏电保护器，严格执行《临时用电作业安全管理制度》
15	作业条件发生变化	触电、人员伤害	重新办理用电许可证，严格执行《临时用电作业安全管理制度》
16	没有及时拆除临时用电设施	触电、人员伤害	专业电工拆除，严格执行《临时用电作业安全管理制度》
17	非电工人员拆除临时用电设施	触电、人员伤害	严格监督，安排专业电工拆除，严格执行《临时用电作业安全管理制度》

四、安全措施的落实

临时用电安全技术措施包括：

① 施工单位的自备电源不得接入公用电网。临时用电工程专用的电源中性点直接接地的（220V/380V）三相四线制低压电力系统，必须符合《施工现场临时用电安全技术规范》（JGJ 46）规定。

② 临时用电设备和线路应按供电电压等级和容量正确使用，所用电气元件应符合国家、行业规范标准要求。

③ 临时用电电源施工、安装应严格执行电气施工安装规范，并接地良好。

a. 在防爆场所使用的临时电源、电气元件和线路应达到相应防爆等级要求，并采用相应的防爆安全措施。

b. 临时用电的电气设备的接地和保护安装应符合规范的要求，保护零线（PE 线）采用绝缘导线，最小截面积符合要求，严禁装设开关或熔断器；工作零线（N 线）必须通过漏电保护器，通过漏电保护器的工作零线与保护零线之间不得再做电气连接。

c. 临时用电线路及设备的绝缘应良好。

d. 临时用电的电源线必须采用橡胶护套绝缘电缆。

e. 临时用电架空线应采用绝缘铜芯线，设在专用电杆上，严禁设在树木和脚手架上。架空线最大弧垂与地面距离，在施工现场不小于 2.5m，穿越机动车道时不小于 5 m。

f. 对需要埋地敷设的电缆线路应设“走向标志”和“安全标志”。电缆埋地深度不应小于 0.7m，穿越公路时应加设防护套管。

g. 在开关上接引、拆除临时用电线路时，其上级开关应断电上锁并加挂安全警示标牌。

h. 现场临时用电配电盘、箱应有编号和防雨措施，离地距离不少于 30cm；盘、箱、门牢靠关闭。

i. 照明变压器必须使用双绕组型安全隔离变压器，一、二次均应装熔断器，行灯电压不应超过 36V，在特别潮湿的场所或塔、釜、槽、罐等金属设备作业装设的临时照明行灯电压不应超过 12V。

j. 临时用电线路的漏电保护器的选型和安装必须符合《剩余电流动作保护器的一般要求》（GB 6829）和《漏电保护器安装和运行的要求》（GB 13955）的规定。临时用电设施应做到“一机一闸一保护”，开关箱和移动式、手持式电动工具应安装符合规范要求的漏电保护器。

④ 停产大检修、新改扩建工程项目等大规模用电，应根据作业区域分散用电负荷，用电设备分组集中，做好防雨、防触电措施。

⑤ 临时用电设备检修应先切断其电源，并挂上“有人工作，严禁合闸”警告牌。

⑥ 临时用电票有效期不超过半个月，超期继续使用必须提前按临时用电办理程序重新办理用电手续。在炼油化工装置内临时用电应按用火等级办理用火手续。

⑦ 远离厂区车间（站）临时用电，各单位可根据实际情况授权办理临时用电票，但签发手续必须严格（科室签发人栏目由分管主任签字），措施必须完备。授权要以文字形式并有单位领导和部门负责人签字，厂主管部门备案。

⑧ 临时用电的电源不得直接从接引点的电气柜上接引，接引单位为使用单位提供的电源必须设置保护开关，使用单位临时用电设施必须加装保护开关后方可使用。

五、作业票证的审批

临时用电安全作业证的管理：

① 临时用电作业必须办理《临时用电安全作业许可证》；

② 作业许可证上的内容必须如实填写；

③《临时用电安全作业许可证》应按照规定由相应负责人审批 ；

④《临时用电安全作业许可证》一式三份，第一联交作业单位（作业时）配送电执行人（作业结束后注销），第二联交配送电执行人，第三联由动力部门存档。

六、作业过程中的监护

安装、维修、拆除临时用电设备和线路应由持有有效电工作业证的电工进行操作，并有专人监护，做好工作记录。

① 作业前，施工单位负责人应向施工作业人员进行作业程序和安全措施交底。

② 送电前，临时用电配送电单位和施工单位应检查临时用电线路和电气设备，确认《临时用电作业许可证》的安全措施全部得以落实。临时用电的漏电保护器每天使用前必须进行漏电保护试验，严禁在试验不正常情况下使用。

③ 施工单位应对临时用电设备和线路进行检查，每天不少于 2 次，并建立检查记录。

④ 配送电单位应将临时用电设施纳入正常运行电气巡回检查范围，每天不少于 2 次巡回检查，并建立检查记录和隐患问题处理通知单，确保临时供电设施完好。对存在重大隐患和发生威胁安全生产的紧急情况时，配送电单位有权紧急停电处理。

⑤ 临时用电单位应严格遵守临时用电规定，不得变更作业地点和作业内容，禁止任意增加用电负荷或私自向其他单位转供电。

⑥ 在临时用电有效期内，如遇施工过程中停工、人员离开时，临时用电单位应从受电端向供电端逐次切断临时用电开关。重新施工时，须对线路、设备检查确认后方可送电。

⑦ 临时用电的电气设备周围不得存放易燃易爆物、污染源和腐蚀介质，否则应采取防护处置措施，其防护等级必须与环境条件相适应。

七、作业完成后的验收

作业完工后，施工单位应及时通知配送电单位停电，并作相应确认后，拆除临时用电线路。

八、临时用电安全设施

① 临时用电线路应采用绝缘良好并满足负荷要求的橡胶软导线，主干动力电缆可采用铠装电缆。

② 电缆（线）过路必须加套管保护，空中架线高度应满足要求。

③ 电气施工机具应集中存放，电源开关设箱上锁，零散用电电源设铁盒开关，电缆接头应做好防水、防短路、防触电措施，不准用一个开关同时启动两台及以上电气设备。

④ 用电设备及其金属外壳安全电压除外的接地线和接零线必须分接，严禁接地和接零共用一根导线。

⑤ 配电箱、开关及电焊机等电气设备的 15m 距离内，严禁存放易燃、易爆、腐蚀性等有害物品。

⑥ 临时用电设备的自动开关和熔丝（片）应根据设备和线路确定，不得随意加大或缩小，严禁用其他金属丝代替熔丝。

⑦ 在装置区、罐区或其他爆炸危险场所临时用电作业，应使用与场所相适应的防爆型电气设备（导线），达不到此要求的应限制其使用。

⑧ 爆炸危险场所内临时用电线路经过高温、振动、腐蚀、积水、易机械损伤等部位，不准有接头并采取相应的保护措施。

⑨ 爆炸危险场所内的防爆接线箱、接线盒、插座的封闭、胶圈必须完好，接引导线必须压紧封严，达到电气防爆要求。

⑩ 手持用电动工具和潜水泵、振捣器等水下潮湿环境作业工具，作业前应由电工对其绝缘进行测试，带电零件与壳体之间，基本绝缘不得小于 2MΩ，加强绝缘不得小于 7MΩ，达不到要求不准使用。

⑪ 使用潜水泵时必须安装漏电保护开关，电机及接头绝缘良好，安全可靠，潜水泵引出电缆到开关之间不得有接头，并设置专用提泵拉绳（不得用铁丝）。

⑫ 使用手持电动工具应满足如下安全要求：

a. 设备外观完好，标牌清晰，各种保护罩（板）齐全。

b. 一般场所，为保证安全使用，应选用Ⅱ类工具，如果使用Ⅰ类工具必须采用其他安全保护措施，如装设漏电保护器或安全隔离变压器等。否则，使用者必须戴绝缘手套，穿绝缘鞋或站在绝缘垫上。

c. 在潮湿的场所或金属构架上等导电性能良好的作业场所，必须使用Ⅱ类工具或Ⅲ类工具。如果使用Ⅰ类工具，必须装设额定漏电动作电流不大于 30mA、动作时间不大于 0.1s 的漏电保护电器。

d. 在狭窄场所，如锅炉、反应釜、金属管道内，应使用Ⅲ类工具。如果使用Ⅱ类工具必须装设额定漏电动作电流不大于 15mA、动作时间不大于 0.1s 的漏电保护电器。

e. Ⅲ类工具的安全隔离变压器，Ⅱ类工具的漏电保护器及Ⅱ类、Ⅲ类工具的控制箱和电源连接器等必须放在容器外或作业点处，同时应有专人监护。

⑬ 生产检修等临时性用电的行灯及在潮湿地点、坑、井、沟或金属容器内部作业的行灯，其电压不得超过 36V。行灯必须带有金属保护罩。

【考核评价】

简答题

1. 使用手持电动工具应满足哪些安全要求？

2. 简述临时用电作业中各部门的职责？

参考答案：

1. (1) 设备外观完好，标牌清晰，各种保护罩（板）齐全。

(2) 一般场所，为保证安全使用，应选用Ⅱ类工具，如果使用Ⅰ类工具必须采用其他安全保护措施，如装设漏电保护器或安全隔离变压器等。否则，使用者必须戴绝缘手套，穿绝缘鞋或站在绝缘垫上。

(3) 在潮湿的场所或金属构架上等导电性能良好的作业场所，必须使用Ⅱ类工具或Ⅲ类工具。如果使用Ⅰ类工具，必须装设额定漏电动作电流不大于 30mA、动作时间不大于 0.1s 的漏电保护电器。

(4) 在狭窄场所，如锅炉、反应釜、金属管道内，应使用Ⅲ类工具。如果使用Ⅱ类工具必须装设额定漏电动作电流不大于 15mA、动作时间不大于 0.1s 的漏电保护电器。

(5) Ⅲ类工具的安全隔离变压器，Ⅱ类工具的漏电保护器及Ⅱ类、Ⅲ类工具的控制箱和电源连接器等必须放在容器外或作业点处，同时应有专人监护。

2. (1) 工程部是临时用电的归口管理部门，负责对各车间及外来施工单位临时用电管理的监督检查，负责相关票证的确认审批、相关措施的落实情况监管。

(2) 申请用电作业单位负责临时用电现场管理和相关措施的落实。

(3) 用电点所在车间负责本区域内临时接电的具体管理工作。

任务七 动土作业

【任务描述】

化工生产大多是连续化生产过程，地下隐蔽工程设施越来越密集，企业由于各种现场作业的需要，要进行动土作业。实践中，因为地下光电缆、危化品管道等危险源辨识不到位，施工人员违规操作，以及地块权属和施工项目归属不统一导致安全监管不力等原因，引发安全事故。

在老生产区内进行动土作业时，其安全问题是非常突出的，搞不好会直接影响化工安全生产，情况严重的会造成生产设备损坏或重大生产事故，给生产造成不必要的直接和间接经济损失。近年来一些企业由于生产扩建、改造发展等，在土建工程动土作业中发生了一些挖断电力电缆、短路放炮的事故，影响到正常生产，给企业造成了一定的经济损失。

【相关知识】

知识点 动土作业

一、动土作业

动土作业是指在企业生产运行区域（含生产生活基地）的地下管道、电缆、电信、隐蔽设施等影响范围内，以及在交通道路、消防通道上进行的挖土、打桩、钻探、坑探、地锚入土深度在0.5m以上的作业；使用推土机、压路机等施工机械进行填土或平整场地等可能对地下隐蔽设施产生影响的作业。图2-9为动土作业现场。

图2-9 动土作业现场

生产区域动土分为两级风险作业。

1. 二级风险动土作业

指不影响消防公路，埋地物清楚、明晰，以人工开挖为主，辅以小型气动、电动工具进行的动土作业（含打桩作业）。

2. 三级风险动土作业

指在装置、厂区范围内使用大型机械开挖（包括建筑物的墙体、构架）、爆破、建构筑物拆除等各项破土作业。

二、安全要求

（一）管理原则

① 动土作业必须办理《动土安全作业证》。

② 动土作业涉及用火、临时用电、进入受限空间等作业时，应办理相应的作业许可证。

③ 作业证审批人和监护人应持证上岗。

④ 动土作业须实行许可审批管理，建设单位会同作业单位对动土作业进行现场监护，并实施全程视频监控。

（二）管理职责

① 企业安全管理部门负责制定动土作业制度；负责监督作业许可制度的执行；颁发监护人资格证书，有效期 2 年。

② 二级单位负责许可证审批人、监护人培训，报企业安全管理部门审核。

③ 基层单位负责动土作业审批。负责落实好有效措施，确保作业安全。

三、管理内容及要求

（一）动土作业的危害识别

① 作业前，项目负责部门要组织相关技术人员、承包商，针对作业内容，进行工作安全分析（Job Safety Analysis，JSA），组织进行危害识别，制定相应的作业程序及安全措施。

② 安全措施要填入动土作业许可证内，并附动土作业点示意图。

（二）作业安全措施

① 作业前，要督促施工单位对作业现场及作业涉及的设备（设施）、现场支撑等进行检查，发现问题应及时处理。

② 挖掘坑、槽、井、沟等作业，应遵守下列规定：

a. 不应在土壁上挖洞攀登；

b. 不应在坑、槽、井、沟上端边沿站立、行走；

c. 在坑、槽、井、沟的边缘安放机械、铺设轨道及通行车辆时，应保持适当距离，采取有效的固壁措施，确保安全；

d. 拆除固壁支撑时，应从下而上进行，更换支撑时，应先装新的，再拆旧的；

e. 不应在坑、槽、井、沟内休息。

③ 在沟（槽、坑）下作业应按规定坡度顺序进行。使用机械挖掘时，作业人员不应进入机械旋转半径内；严禁在离电缆 1m 距离以内作业；深度大于 2m 时，应设置应急逃生通道；两人以上同时挖土时应相距 2m 以上，防止工具伤人。

④ 作业人员发现异常，应立即撤离作业现场。

⑤ 在化工危险场所动土时，应与有关操作人员建立联系。当生产装置突然排放有害物质时，操作人员应立即通知动土作业人员停止作业，迅速撤离现场。

⑥施工结束时应及时回填土石，恢复地面设施。

（三）作业过程管理

① 动土前，建设单位须督促施工单位应按照施工方案，逐条落实安全措施，做好地面和地下排水工作，严防地面水渗入作业层面造成塌方；对所有作业人员进行安全教育和安全技术交底；作业人员在作业中应按规定着装和佩戴劳动保护用品；动土作业过程中施工单位应设专人监护。

② 动土开挖时，应防止邻近建（构）筑物、道路、管道等下沉和变形，必要时采取防护措施，加强观测，防止位移和沉降；要由上至下逐层挖掘，严禁采用挖空底脚和挖洞的方法进行挖掘。使用的材料、挖出的泥土应堆放在距坑、槽、井、沟边沿至少 0.8m 处，堆土高度不得大于 1.5m。挖出的泥土不应堵塞下水道和窨井。在动土开挖过程中应采取防止滑坡和塌方措施。

③ 作业前应了解地下隐蔽设施的分布情况，动土临近地下隐蔽设施时，需用人工开挖样沟，并应使用适当工具挖掘，避免损坏地下隐蔽设施，如暴露出电缆、管线以及不能辨认的物品时，不得敲击、移动，应立即停止作业，妥善加以保护，报告动土审批单位处理，按要求采取措施、重新审批后方可继续动土作业。

④ 施工现场应设围栏、盖板和警告标志，夜间应设警示灯。在地下通道施工或进行顶管作业影响地上安全，或地面活动影响地下施工安全时，应设围栏、警示牌、警示灯。

⑤ 根据土壤性质、湿度和挖掘深度设置安全边坡或固定支撑。作业过程中应对坑、槽、井、沟、边坡或固定支撑架随时检查，特别是雨雪后和解冻时期，如发现边坡有裂缝、疏松或支撑有折断、走位等异常情况，应立即停止作业，采取可靠措施并检查无问题后方可继续施工。

⑥ 在施工过程中出现下列情形，应及时报告建设单位，采取有效措施后方可继续进行作业：

a. 需要占用规划批准范围以外场地。

b. 可能损坏道路、管线、电力、邮电通信等公共设施。

c. 需要临时停水、停电、中断道路交通。

d. 需要进行爆破。

⑦ 在动土开挖过程中，出现滑坡、塌方或其他险情时，要做到：

a. 立即停止作业。

b. 先撤出作业人员及设备。

c. 挂出明显标志的警告牌，夜间设警示灯。

d. 划出警戒区，设置警戒人员，日夜值勤。

e. 通知设计、工程建设和安全等有关部门，共同对险情进行调查处理。

⑧ 使用电动工具应安装漏电保护器。

⑨ 在消防主干道上的动土作业，必须分步施工，确保消防车顺利通行。如影响消防通道，必须向上级主管部门与消防主管部门报告。

四、案例分析

2010 年 7 月 28 日 10:11 左右，某有限公司在某厂平整拆迁土地过程中，挖掘机挖穿了地下丙烯管道，丙烯泄漏后遇到明火发生爆燃。截至7月31日，事故已造成13人死亡、120人住院治疗（重伤14人）。事故还造成周边近2km^{2}范围内的3000多户居民住房及部分商店玻璃、门窗不同程度破损，建筑物外立面受损，少数钢架大棚坍塌。

（一）直接原因

个体拆除施工队擅自组织开挖地下管道、现场盲目指挥，挖穿了地下丙烯管道，导致液态丙烯大量泄漏，丙烯气体迅速扩散与空气形成爆炸性混合物，遇明火引发爆燃。

（二）间接原因

一是违规组织实施拆除工程。

二是某厂在地块权属未变更的情况下，对在本厂区内丙烯管道上方的野蛮挖掘作业未加制止。

三是某厂在发现有机械施工作业，可能危及其所属的地下丙烯输送管道的安全时，未能有效制止，对地下丙烯输送管道的位置和走向指认不清，未能有效制止事故发生。

【任务实施】

一、作业人员的选择

动土作业前，施工负责人应对施工人员进行安全教育，对安全措施进行现场交底，并督促落实。

（一）作业单位负责人职责

① 了解作业内容及现场情况，确认作业安全措施，向作业人员交代作业任务和安全注意事项；

② 各项安全措施落实后，方可安排人员进行动土作业。

（二）审批人职责

① 审查《动土安全作业证》的办理是否符合要求；

② 督促检查各项安全措施的落实情况。

（三）监护人职责

① 负责对安全措施落实情况进行检查，在作业期间，不得离开现场或做与监护无关的事；

② 监护人应熟悉动土作业现场及作业人员情况，有判断和处理异常情况的能力，懂得急救知识；

③ 监护人对作业票的安全措施落实情况要进行现场检查，发现落实不到位或安全措施不完善时，有权提出停止作业；

④ 监护人应掌握动土作业现场的作业人员数量，发现异常有权及时制止作业并立即采取救护措施，同时报警。

（四）动土作业人员的职责

① 持经批准的、有效的作业证，方可进入施工作业。

② 在作业前应充分了解作业的内容、地点（位号）、时间、要求，熟知作业中的危害因素和作业证中的安全措施。

③ 作业证所列的安全防护措施，经落实确认、监护人同意后，方可作业。

④ 对违反制度的强令作业、安全措施不落实、作业监护人不在场等情况有权拒绝作业，并向上级报告。若发现作业监护人不履行职责时，应立即停止作业。

⑤服从作业监护人的指挥，劳动保护着装和器具符合规定。

⑥作业完成后，确认无误后方可离开作业现场。

二、作业票证的办理

《动土安全作业证》格式如表 2-13 所示。

表 2-13 《动土安全作业证》格式

申请单位		申请人		作业证编号	
监护人					
作业时间	自　年　月　日　时　分始至　年　月　日　时　分止				
作业地点					
作业单位					
涉及的其他特殊作业					
作业范围、内容、方式(包括深度、面积，并附简图)： 签字：　年　月　日　时　分					
危害辨识					

序号	安全措施	确认人
1	作业人员作业前已进行了安全教育	
2	作业地点处于易燃易爆场所，需要动火时已办理了动火证	
3	地下电力电缆已确认，保护措施已落实	
4	地下通信电(光)缆，局域网络电(光)缆已确认，保护措施已落实	
5	地下供排水、消防管线、工艺管线已确认，保护措施已落实	
6	已按作业方案图规划线和立桩	
7	动土地点有电线、管道等地下设施，已向作业单位交代并派人监护；作业时轻挖，未使用铁棒、铁镐或抓斗等机械工具	
8	作业现场围栏、警戒线、警告牌、夜间警示灯已按要求设置	
9	已进行放坡处理和固壁支撑	
10	人员出入口和撤离安全措施已落实：A. 梯子；B. 修坡道	
11	道路施工作业已报：交通、消防、安全监督部门、应急中心	
12	备有可燃气体检测仪、有毒介质检测仪	
13	现场夜间有充足照明：A. 36V、24V、12V 防水型灯；B. 36V、24V、12V 防爆型灯	
14	作业人员已佩戴防护器具	
15	动土范围内无障碍物，并已在总图上作标记	
16	其他安全措施： 编制人：	

实施安全教育人			
申请单位意见 签字：　年　月　日　时　分			
作业单位意见 签字：　年　月　日　时　分			
有关水、电、汽、工艺、设备、消防、安全等部门会签意见 签字：　年　月　日　时　分			
审批部门意见 签字：　年　月　日　时　分			
完工验收 签字：　年　月　日　时　分			

《动土安全作业证》一式三联，第一联交审批部门，第二联交施工单位，第三联交现场施工管理人员随身携带。

一个施工点、一个施工周期应办理一张《动土安全作业证》。

严禁涂改、转借《动土安全作业证》，不得擅自变更动土作业内容、扩大作业范围或转移作业地点。

《动土安全作业证》由二级单位安全部门留存，保存期为1年。

三、危害识别的告知

动土作业前，工程部项目负责人组织动土施工单位、生产中心现场负责人，针对作业现场具体的作业内容、作业环境、作业过程、作业工具，进行危害识别，并制定相应的作业程序及安全措施。动土作业危害识别如表2-14所示。

表2-14 动土作业危害识别

序号	危险因素	事故	控制措施
1	作业人员作业前未经安全教育	人员伤亡	进行作业前安全教育
2	未按规定佩戴劳动防护用品	人员伤亡	佩戴安全帽等防护用品
3	未开具动土作业票	引发事故	开具动土作业票
4	在化工危险场所动土时，与生产现场联系不足	影响联络	与有关操作人员建立联系，现场不安全时操作人员要通知作业人员撤离
5	警示标志不足	引发事故	设置护栏、盖板或警示标志，夜间应设置红色警示灯
6	动土点存在电线、管道等地下隐蔽设施	触电、泄漏	各审批单位向施工单位交代清楚并派专人监护；作业时要轻挖，禁止使用铁棒、铁镐或抓斗等机械工具
7	多人同时作业	人员伤亡	人员相距在2m以上，防止工具伤人
8	设备、工具不合格	人员伤亡	提前检查，必须牢固、完好
9	作业地点处于易燃易爆场所	火灾、爆炸	禁止能产生火花的作业，否则应同时办理动火证
10	作业过程中暴露出电缆、管线和不能辨认的物品	人员伤亡	停止作业，请专业人员辨认
11	作业过程中出现危险品泄漏	泄漏、火灾	停止作业，迅速撤离现场
12	管线、电缆破坏，造成事故	泄漏、触电	①地下供排水管线、工艺管线已确认，保护措施已落实；②动土临近地下隐蔽设施时，应轻轻挖掘，禁止使用抓斗等机械工具；③已按施工方案图划线施工
13	未按规定进行挖掘	发生坍塌	①多人同时挖土应保持一定的安全距离；②挖掘土方应自上而下进行，不准采用挖地脚的办法，挖出的土方不准堵塞下水道和窨井；③开挖没有边坡的沟、坑等必须设支撑，开挖前，设法排除地表水，当挖到地下水位以下时，要采取排水措施；④进行放坡处理和固壁支撑；⑤作业人员必须戴安全帽；⑥坑、槽、井、沟等上端边沿不准人员站立、行走
14	存在有毒、有害气体或液体	出现中毒	①备有可燃气体检测仪、有毒介质检测仪；②作业人员必须佩戴防护器具；③人员进出口和撤离保护措施已落实
15	未设置护栏、警示标志、警示灯等	造成坠落	①作业现场围栏、警戒线、警告牌、夜间警示灯已按要求设置；②作业现场夜间有充足照明：普通灯、防爆灯；③作业人员上下时要铺设跳板
16	施工条件发生重大变化	人员伤亡	若施工条件发生重大变化，应重新办理《动土安全作业证》
17	恢复后未将土层填满、夯实	塌陷	恢复后应将土层填满、夯实

四、安全措施的落实

作业前，项目负责人应对作业人员进行安全教育。作业人员应按规定着装并佩戴合适的个体防护用品。施工单位应组织进行施工现场危害辨识，施工负责人对安全措施进行现场交底，并逐条督促落实安全措施。

① 作业前，应检查工具、现场支撑是否牢固、完好，发现问题应及时处理。

② 作业现场应根据需要设置护栏、盖板和警告标志，夜间应悬挂警示灯。

③ 在破土开挖前，应先做好地面和地下排水，防止地面水渗入作业层面造成塌方。

④ 作业前应首先了解地下隐蔽设施的分布情况，动土临近地下隐蔽设施时，应使用适当工具挖掘，避免损坏地下隐蔽设施。如暴露出电缆、管线以及不能辨认的物品时，应立即停止作业，妥善加以保护，报告动土审批单位处理，经采取措施后方可继续动土作业。

⑤ 挖掘坑、槽、井、沟等作业，应遵守下列规定：

a. 挖掘土方应自上而下逐层挖掘，不应采用挖底脚的办法挖掘；使用的材料、挖出的泥土应堆放在距坑、槽、井、沟边沿至少 0.8m 处，挖出的泥土不应堵塞下水道和窨井。

b. 不应在土壁上挖洞攀登。

c. 不应在坑、槽、井、沟上端边沿站立、行走。

d. 应视土壤性质、湿度和挖掘深度设置安全边坡或固壁支撑。作业过程中应对坑、槽、井、沟边坡或固壁支撑架随时检查，特别是雨雪后和解冻时期，如发现边坡有裂缝、疏松或支撑有折断、走位等异常情况，应立即停止作业，并采取相应措施。

e. 在坑、槽、井、沟的边缘安放机械、铺设轨道及通行车辆时，应保持适当距离，采取有效的固壁措施，确保安全。

f. 在拆除固壁支撑时，应从下而上进行；更换支撑时，应先装新的，后拆旧的。

g. 不应在坑、槽、井、沟内休息。

⑥ 作业人员在沟（槽、坑）下作业应按规定坡度顺序进行。使用机械挖掘时，作业人员不应进入机械旋转半径内；深度大于 2m 时应设置人员上下的梯子，保证人员快速进出设施；两人以上作业人员同时挖土时应相距 2m 以上，防止工具伤人。

⑦ 作业人员发现异常时，应立即撤离作业现场。

⑧ 在化工危险场所动土时，应与有关操作人员建立联系，当化工装置发生突然排放有害物质时，化工操作人员应立即通知动土作业人员停止作业，迅速撤离现场。

⑨ 施工结束后应及时回填土石，并恢复地面设施。

五、作业票证的审批

① 项目负责部门要求施工单位向动土作业所属基层单位提出《动土安全作业证》申请，基层单位负责人负责《动土安全作业证》的审批。

② 项目负责部门组织所在单位对地下设施主管单位联合进行现场交底，根据施工区域地质、水文、地下供排水管线、埋地燃气（含液化气）管道、埋地电缆、埋地电信、测量用的永久性标桩、地质和地震部门设置的长期观测孔、不明物、沙巷等情况向施工单位提出具体要求，经水、电、汽、通信、工艺、设备、消防与动土区域所属基层单位等部门会签后，由项目所在单位签发。

③ 深度5m及以上的深基坑动土作业，要编制专门施工方案，按照有关规定进行审批。

④ 项目负责部门须督促施工单位根据工作任务、交底情况及施工要求，制定施工方案，落实安全作业措施。

⑤ 施工方案经施工现场负责人和建设基层单位现场负责人签署意见及工程总图管理等有关部门确认签字后，由施工区域所属单位的工程管理部门负责人审批。

六、作业过程中的监护

（一）作业监护人的监护工作

① 服从作业负责人的领导，有责任守护作业人员安全；

② 必须全面了解动土作业流程和周边环境；

③ 作业监护人应熟悉应急预案，熟悉并掌握常用的急救方法，能熟练使用救护器具，并能及时发现和处理异常情况；

④ 动土作业前，必须对照《动土安全作业方案》逐项检查安全技术措施的落实情况，确认落实后在《动土安全作业证》上签字；

⑤ 坚守岗位，发现不能保证作业安全时，有权提出暂不作业；

⑥ 作业结束后，作业监护人要确认恢复情况。

（二）由作业部门派出作业监督人，作业安全的监督责任

① 必须全面了解动土作业过程，对作业安全负直接监督责任；

② 熟悉作业方案和应急预案，能够及时发现突发风险，具有应对突发事故的能力；

③ 动土作业前，必须对照《动土作业方案》逐项检查安全保证措施和应急预案的落实情况，检查工具、现场支护是否牢固、完好，确认符合后在《动土安全作业证》上签字并在作业过程中保管《动土安全作业证》；

④ 坚守岗位，监督作业负责人、作业监护人、作业人的作业，发现有违反《动土作业方案》既定程序的行为，有权暂停作业；

⑤ 遇作业负责人、作业监护人、作业人严重违章，作业管理无法保证安全等情况，作业监督人有权停止作业、收回《动土安全作业证》，并向单位安全部门报告；

⑥ 作业完工后，作业监督人对现场进行复查。

七、作业完成后的验收

施工结束后应及时回填土，并恢复地面设施。若地下隐蔽设施有变化，作业单位应将变化情况向作业区域所在单位通报，以完善地下设施布置图。

作业监护人要确认恢复情况。申请单位检查验收后签字。作业监督人对现场进行复查。

八、动土作业相关设施、器具要求

① 施工现场应根据需要设置护栏、盖板和警告标志，夜间应悬挂采用安全电压的红灯示警。

② 施工现场可能散发有毒有害气体时，备有可燃气体检测仪、有毒介质检测仪和防毒面具，并保持通风畅通。

③ 对于施工地点埋有电力及通信电缆、工艺、给排水及消防管线的动土作业，严禁采用机械设施动土，应采取保护措施确保地下设施完好。

④ 夜间如需进行动土作业，应有充足照明：A. 普通灯；B. 防爆灯。

⑤ 已进行放坡处理和固壁支撑。

⑥ 正确穿戴劳保用品及其他安全防护用具。

⑦ 现场作业人员应配备烧灼伤、创伤为主的急救药品。

⑧ 人员进出口和撤离保护措施已落实：A. 梯子；B. 修坡道。

⑨ 推土机、压路机等施工机械符合相关要求，并按照规范操作。

【考核评价】

简答题

简述动土作业主要安全措施？

参考答案：

① 作业人员作业前已进行了安全教育；

② 作业地点处于易燃易爆场所，需要动火时必须办理动火证；

③ 地下电力电缆已确认，保护措施已落实；

④ 地下通信电（光）缆、局域网络电（光）缆已确认，保护措施已落实；

⑤ 地下供排水、消防管线、工艺管线已确认，保护措施已落实；

⑥ 已按作业方案图划线和立桩；

⑦ 动土地点有电线、管道等地下设施，应向作业单位交代并派人监护；作业时轻挖，禁止使用铁棒、铁镐或抓斗等机械工具；

⑧ 作业现场围栏、警戒线、警告牌夜间警示灯已按要求设置；

⑨ 已进行放坡处理和固壁支撑；

⑩ 人员出入口和撤离安全措施已落实：a. 梯子，b. 修坡道；

⑪ 道路施工作业已报：交通、消防、安全监督部门、应急中心；

⑫ 备有可燃气体检测仪、有毒介质检测仪；

⑬ 现场夜间有充足照明：a. 36V、24V、12V 防水型灯，b. 36V、24V、12V 防爆型灯；

⑭ 作业人员已佩戴安全帽等防护器具；

⑮ 动土范围（包括深度、面积、并附简图）无障碍物，已在总图上作标记。

任务八 断路作业

【任务描述】

化工生产大多是连续化过程，要求各车间、部门密切合作。企业由于各种需要，有时必须进行断路作业，往往需要在厂区内的交通主、支路与车间引道上进行工程施工、吊装、吊运等各种影响正常交通的作业。作业期间，由于标识不明、信息沟通不畅、无适当安全措施或不到位，往往会引发交通事故或人员伤害事故。

化工企业生产区域需断路的现场作业种类很多，例如动土作业、吊装作业、临时用电作业、高处作业、动火作业等，还会出现交叉作业，而这些现场作业大多都有相应的安全管理规定，断路作业必须同时满足这些作业规定。因此这些特殊作业的协调性、安全性就越来越重要。

【相关知识】

知识点 断路作业

一、断路作业

（一）断路作业

在化学品生产单位内交通主干道、交通次干道、交通支道与车间（分厂）引道上进行工程施工、吊装吊运等各种影响正常交通的作业，如图 2-10 所示。

图 2-10　断路作业

（二）断路申请单位

需要在化学品生产单位内交通主干道、交通次干道、交通支道与车间（分厂）引道上进行各种影响正常交通作业的生产、维修、电力、通信等车间（分厂）级单位。

（三）断路作业单位

按照断路申请单位要求，在化学品生产单位内内交通主干道、交通次干道、交通支道与车间（分厂）引道上进行各种影响正常交通作业的工程施工、吊装吊运等单位。

（四）道路作业警示灯

设置在作业路段周围以告示道路使用者注意交通安全的灯光装置。

（五）作业区

为保障道路作业现场的交通安全而用路栏、锥形交通路标等围起来的区域。

二、管理原则

① 进行断路作业应制定周密的安全措施，并办理《断路安全作业证》，方可作业。在审批《断路安全作业证》时，有关部门应到现场检查断路标识、警告等设置是否规范、符合要求，并确定消防、应急车辆通行线路，同时应通知生产调度、安全管理等有关部门。

②《断路安全作业证》由断路申请单位负责办理。

③ 断路申请单位负责管理作业现场。

④ 在《断路安全作业证》规定的时间内未完成断路作业时，由断路申请单位重新办理《断路安全作业证》。

三、安全要求

（一）作业组织

① 断路作业单位接到《断路安全作业证》并向断路申请单位确认无误后，即可在规定的时间内，按《断路安全作业证》的内容组织进行断路作业。

② 断路作业单位应制定交通组织方案，应在路口规范设置交通挡杆、断路标识，为来往的车辆提示绕行线路，以确保作业期间的交通安全。

③ 断路作业应按《断路安全作业证》的内容进行。

④ 用于道路作业的工具、材料应放置在作业区内或其他不影响正常交通的场所。

⑤ 断路时如果涉及动土作业，还应执行《动土作业安全管理规定》。

（二）作业交通警示

① 断路作业单位应根据需要在作业区相关道路上设置作业标志、限速标志、距离辅助标志等交通警示标志，以确保作业期间的交通安全。

② 断路作业单位应在作业区附近设置路栏、锥形交通路标、道路作业警示灯、导向标等交通警示设施。

③ 在道路上进行定点作业，白天不超过2h，夜间不超过1h即可完工的，在有现场交通指挥人员指挥交通的情况下，只要作业区设置了完善的安全设施，即白天设置了锥形交通路标或路栏，夜间设置了锥形交通路标或路栏及道路作业警示灯，可不设标志牌。

④ 夜间作业应设置道路作业警示灯，设置在作业区周围的锥形交通路标处，应能反映作业区的轮廓。

⑤ 道路作业警示灯应为红色。

⑥ 警示灯应采用安全电压。在易燃易爆场所，警示灯应防爆。

⑦ 道路作业警示灯设置高度应符合GA 182—1998的规定，离地面1.5m，不低于1.0m。

⑧ 道路作业警示灯遇雨、雪、雾天时应开启，在其他气候条件下应自傍晚前开启，并能发出至少自150m以外清晰可见的连续、闪烁或旋转的红光。

⑨ 断路作业在较长路段施工时，应在该路段两头十字路口处，设置“前方施工、绕道行驶”警示牌。

(三) 应急救援

① 断路申请单位应根据作业内容会同作业单位编制相应的事故应急措施，并配备有关器材。

② 动土挖开的路面宜做好临时应急措施，保证消防车的通行。

(四) 恢复正常交通

断路作业结束，应迅速清理现场，尽快恢复正常交通。

【任务实施】

一、作业人员的选择

(一) 作业前，应对参加作业人员进行安全教育的内容

① 有关作业的安全规章制度；

② 作业现场和作业过程中可能存在的危险、有害因素及应采取的具体安全措施；

③ 作业过程中所使用的个体防护器具的使用方法及使用注意事项；

④ 事故的预防、避险、逃生、自救、互救等知识；

⑤ 相关事故案例和经验、教训。

(二) 相关作业人员

1. 项目所在部门负责人职责

① 安排合适的人员组织开展断路作业过程的安全监护和沟通协调工作；

② 组织有关单位或部门在断路作业前共同实施风险辨识，制定包括交通组织方案和安全措施在内的断路安全作业方案；

③ 协助作业部门制定可行的现场处置方案，配备相关应急器材；

④ 审批《断路安全作业证》。

2. 作业部门监护人职责

① 办理《断路安全作业证》；

② 作业前对安全措施落实情况进行确认；

③ 作业过程中的安全监护工作，并为作业部门的隐患整改工作提供必要的协助；

④ 作业完毕后现场清理的验收工作。

3. 作业部门负责人职责

① 对作业中的安全负全责，负责组织作业前风险辨识，交通组织方案和安全措施的制定、交底等相关工作，并对落实情况进行审核；

② 组织作业现场隐患的排查、报告和治理；

③ 为作业人员提供必要的劳动防护用品；

④ 作业完毕后现场清理的确认工作。

4. 断路作业人员职责

① 熟悉操作流程与安全措施，劳动防护用品应穿戴齐全；

② 在作业区设置安全警示标志和交通警示设施，以确保作业期间的交通安全；

③ 作业期间严格按照作业方案和作业规程进行作业，杜绝违章操作；

④ 作业现场隐患的排查、报告和治理；

⑤ 作业完毕后的现场清理。

二、作业票证的办理

《断路安全作业证》格式如表 2-15 所示。

表 2-15 《断路安全作业证》格式

申请单位		申请人		作业证编号	
作业单位					
涉及相关单位(部门)					
断路原因					
断路时间	自 年 月 日 时 分始至 年 月 日 时 分止				
断路地段示意图及相关说明： 签字： 年 月 日 时 分					
危害辨识					

序号	安全措施	确认人
1	作业前，制定交通组织方案(附后)，并已通知相关部门或单位	
2	作业前，在断路的路口和相关道路上设置交通警示标志，在作业区附近设置路栏、道路作业警示灯、导向标等交通警示设施	
3	夜间作业设置警示灯	
4	其他安全措施： 编制人：	
实施安全教育人		

申请单位意见 签字： 年 月 日 时 分
作业单位意见 签字： 年 月 日 时 分
有关水、电、汽、工艺、设备、消防、安全等部门会签意见 签字： 年 月 日 时 分
审批部门意见 签字： 年 月 日 时 分
完工验收 签字： 年 月 日 时 分

①《断路安全作业证》由断路申请单位指定专人至少提前一天办理。

②《断路安全作业证》由断路申请单位的上级有关管理部门按照标准规定的《断路安全作业证》格式统一印制，一式三联。

③ 断路申请单位在有关管理部门领取《断路安全作业证》后，逐项填写其应填内容后，交断路作业单位。

④ 断路作业单位接到《断路安全作业证》后，填写《断路安全作业证》中断路作业单位应填写的内容，填写后将《断路安全作业证》交断路申请单位。

⑤ 断路申请单位从断路作业单位收到《断路安全作业证》后，交本单位上级有关管理部门审批。

⑥ 办理好的《断路安全作业证》第一联交断路作业单位，第二联由断路申请单位留存，第三联留审批部门备案。

⑦《断路安全作业证》应至少保留 1 年。

三、危害识别的告知

作业前，作业单位应对作业现场和作业过程中可能存在的危险、有害因素进行辨识，制定相应的安全措施。断路作业危害识别如表 2-16 所示。

表 2-16　断路作业危害识别

序号	风险分析	安全措施
1	标识不明，信息沟通不畅，影响交通，引发事故	①作业前，施工单位在断路路口设置交通挡杆、断路标识，为来往的车辆提示绕行线路 ②交管部门审批《断路安全作业证》后，立即通知调度等有关部门
2	作业期间，无适当安全措施或不到位，引发交通事故或人员伤害事故	①断路作业过程中，施工单位应负责在施工现场设置围栏、交通警告牌，夜间应悬挂警示红灯 ②在断路作业时，施工单位应设置安全巡检员，保证在应急情况下公路的随时畅通 ③在断路作业期间，施工单位不得随意乱堆施工材料
3	作业结束后，现场清理不彻底，阻碍交通，引发事故	①断路作业结束后，施工单位应负责清理现场，撤除现场和路口设置的挡杆、断路标志、围栏、警告牌、警示红灯，报交管部门 ②交管部门到现场检查核实后，通知各有关单位断路工作结束，恢复交通
4	变更未经审批，引发事故	①断路作业应按《断路安全作业证》的内容进行，严禁涂改、转借《断路安全作业证》，严禁擅自变更作业内容、扩大作业范围或转移作业部位 ②在《断路安全作业证》规定的时间内未完成断路作业时，由断路申请单位重新办理
5	涉及危险作业组合，未落实相应安全措施	若涉及高处、动土等危险作业时，应同时办理相关作业许可证
6	施工条件发生重大变化	若施工条件发生重大变化，应重新办理《断路安全作业证》

四、安全措施的落实

断路作业单位接到《断路安全作业证》并向断路申请单位确认无误后，即可在规定的时间内，按《断路安全作业证》的内容组织进行断路作业。

（一）作业前生产车间应进行的工作

① 对设备、管线进行隔绝、清洗、置换，并确认满足断路作业安全要求；

② 对作业现场的地下隐蔽工程进行交底；

③ 腐蚀性介质的作业现场应配备应急冲洗水源；

④ 夜间作业的场所，设置满足要求的照明装置；

⑤ 会同作业单位组织作业人员到作业现场，了解和熟悉现场环境，进一步核实安全措

施的可靠性，熟悉应急救援器材的位置及分布。

（二）作业前检查

作业前，作业单位对作业现场及作业涉及的设备、设施、工器具等进行检查，并使之符合如下要求：

① 作业现场消防通道、行车通道应保持畅通；影响作业安全的杂物应清理干净。

② 作业现场的梯子、栏杆、平台、篦子板、盖板等设施应完整、牢固，采用的临时设施应确保安全。

③ 作业现场可能危及安全的坑、井、沟、孔洞等应采取有效防护措施，并设警示标志，夜间应设警示红灯；需要检修的设备上的电器电源应可靠断电，在电源开关处加锁并加挂安全警示牌。

④ 作业使用的个体防护器具、消防器材、通信设备、照明设备等应完好。

⑤ 作业使用的脚手架、起重机械、电气焊用具、手持电动工具等各种工器具应符合作业安全要求；超过安全电压的手持式、移动式电动工器具应逐个配置漏电保护器和电源开关。

（三）作业现场的安全措施

进入作业现场的人员应正确佩戴符合 GB 2811 要求的安全帽。作业时，作业人员应遵守本工种安全技术操作规程，并按规定着装及正确佩戴相应的个体防护用品，多工种、多层次交叉作业应统一协调。

特种作业和特种设备作业人员应持证上岗。患有职业禁忌证者不应参与相应作业。作业监护人员应坚守岗位，如确需离开，应有专人替代监护。

（四）作业审批手续

作业前，作业单位应办理作业审批手续，并有相关责任人签名确认。同一作业涉及动火、进入受限空间、盲板抽堵、高处作业、吊装、临时用电、动土、断路中的两种或两种以上时，除应同时执行相应的作业要求外，还应同时办理相应的作业审批手续。

作业时审批手续应齐全、安全措施应全部落实、作业环境应符合安全要求。

（五）作业结束后恢复

断路作业结束后，作业单位应清理现场，撤除作业区、路口设置的路栏、道路作业警示灯、导向标等交通警示设施。申请断路单位应检查核实，并报告有关部门恢复交通。

五、作业票证的审批

① 断路执行人提出作业申请，经作业地点单经负责人核实现场后批准，提交安全管理部门。

② 安全管理部门指定专人对作业程序和安全措施进行确认后，签发《断路安全作业证》。

③ 办证流程：

a. 申请办证、作业负责人进行危害辨识并提出安全防范措施；

b. 所在单位审核；

c. 消防管理部门审批；

d. 断路作业安全措施落实确认；

e. 作业人员作业条件确认；

f. 作业结束，作业负责人、消防、验收签字。

六、作业过程中的监护

断路作业监护人由施工单位指派，申请单位可根据作业需要增派监护人。

① 对作业票中安全措施的落实情况进行认真检查，发现制定的措施不当或落实不到位等情况时，应当立即制止作业。

② 对断路作业现场负责监护，作业期间不得擅离现场或做与监护无关的事；当发现违章行为或意外情况时，应及时制止作业，立即采取应急措施并报警。

③ 作业完成后，检查作业现场，确认无安全隐患。

七、作业完成后的验收

断路作业结束后，施工单位应清理现场，撤除现场、路口设置的挡杆、断路标识、围栏、警告牌、红灯。作业负责人检查核实后，通知有关部门验收。验收合格，通知各有关单位断路作业结束，恢复交通。

八、安全器具

① 断路时，施工单位应在作业区附近设置路栏、锥形交通路标、道路作业警示灯、导向标等交通警示设施，为来往的车辆提示绕行线路。

② 断路后，施工单位应在施工现场设置围栏、交通警告牌，夜间要悬挂红色警示灯。

③ 作业现场夜间有充足照明：a. 普通灯；b. 防爆灯。

④ 作业人员必须佩戴防护器具。

⑤ 备有可燃气体检测仪、有毒介质检测仪。

【考核评价】

简答题

1. 简述断路作业工作要求（按照作业前、作业中、作业后论述）。

2. 化工企业《断路安全作业证》有何管理要求？

参考答案：

1. ①作业前，作业申请单位应制定交通组织方案，方案应能保证消防车和其他重要车辆的通行，并满足应急救援要求。

② 作业单位应根据需要在断路的路口和相关道路上设置交通警示标志，在作业区附近设置路栏、道路作业警示灯、导向标等交通警示设施。

③ 在道路上进行定点作业，白天不超过 2h、夜间不超过 1h 即可完工的，在有现场交通指挥人员指挥交通的情况下，只要作业区设置了相应的交通警示设施，即白天设置了锥形

交通路标或路栏，夜间设置了锥形交通路标或路栏及道路作业警示灯，可不设标志牌。

④ 在夜间或雨、雪、雾天进行作业，应设置道路作业警示灯，警示灯设置要求如下：

a. 采用安全电压；

b. 设置高度应离地面 1.5m，不低于 1.0m；

c. 其设置应能反映作业区的轮廓；

d. 应能发出至少自 150m 以外清晰可见的连续、闪烁或旋转的红光。

⑤ 断路作业结束，应迅速清理现场，撤除作业区、路口设置的路栏、道路作业警示灯、导向标等交通警示设施。申请断路单位应检查核实，并报告有关部门恢复正常交通。

2. ①《断路安全作业证》由作业单位负责申请办理。

② 断路申请单位领取《断路安全作业证》后，会同施工单位填写有关内容后交到安环部。

③ 安环部接到《断路安全作业证》后，并由其牵头组织设备管理科、相关车间人员，共同审核会签后审批签发《断路安全作业证》。

④ 断路申请单位及施工单位接到审批后的《断路安全作业证》后方可进行断路作业。

⑤《断路安全作业证》一式三联，第一联由作业单位留存，第二联交断路所在单位，第三联交工程管理部门。

⑥《断路安全作业证》保存期为 1 年。

项目三 特殊作业应急处理

【应知】

(1) 掌握安全事故的类型和特点。

(2) 熟悉特殊作业安全事故和措施。

(3) 熟悉特殊作业危险因素。

(4) 掌握特种作业应急管理原则和要求。

(5) 掌握特殊作业安全事故查处要求。

(6) 熟悉应急救援程序，制定应急救援方案，掌握应急救援常识。

(7) 掌握应急救援技术操作要点。

【应会】

(1) 能够进行危险识别与相应安全措施制定。

(2) 能进行特殊作业生产事故案例的分析与归纳。

(3) 能够进行隐患排查与分析。

(4) 能够进行应急管理与预案管理。

(5) 能够进行特殊作业事故上报与处理。

【项目导言】

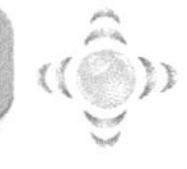

2017 年 8 月 1 日，国家安监总局发布了《关于今年上半年化工安全生产形势的通报》(简称《通报》)。《通报》要求，企业要提高对动火、进入受限空间等特殊作业过程风险的认识，严格按照《化学品生产单位特殊作业安全规范》(GB 30871—2014) 要求，制定和完善特殊作业管理制度，强化风险辨识和管控，严格程序确认和作业许可审批，加强现场监督，确保各项规定执行到位。

国家安监总局督导组于 2017 年 6 月 29 日～7 月 11 日对山东省 5 市危化品安全生产工作进行了督导，并找出了一系列安全隐患问题。所附清单涉及山东省 5 市 28 家企业，共指出 513 项安全隐患，其中多家企业涉及人员设置不合理、没有一岗双责、没有制定合理的应急计划、制度矛盾等问题。统计发现，动火作业隐患 20 项，高处作业隐患 3 项，受限空间作业隐患 10 项，盲板抽堵作业隐患 10 项，吊装作业隐患 2 项，临时用电作业隐患 2 项，特殊作业票管理隐患7项；特殊作业相关隐患达到54项，而应急救援与管理隐患达到19项，这些隐患问题占到了14.23%，隐患情况触目惊心。

由于危化品生产单位的特殊作业可能导致火灾爆炸、压力容器爆炸、中毒窒息等类型的安全事故。为防止重大安全事故的发生，保护员工人身和企业财产安全，迅速有效地控制和处置可能发生的事故，在作业前作业单位和生产单位应对作业现场和作业过程中可能存在的危险、有害因素进行辨识，制定相应的安全措施和应急措施，完善应急管理机制。

一、教学引导案例

[案例一] 辽宁省《关于加强全省化工企业检维修作业安全管理的指导意见》(辽安监管三〔2013〕206号)，提到自2006～2013年，全省共发生危险化学品事故36起，死亡90人，其中检维修过程中发生事故24起，死亡59人，分别占总数的67%和66%。特别是截至2013年9月，全省发生8起危险化学品事故，导致25人死亡，其中有7起发生在检维修作业过程中，共导致24人死亡；明确提出要充分认识化工企业检维修作业的安全风险、落实检维修作业安全管理责任、建立健全检维修作业安全管理制度、加强检维修工程项目管理、加强作业人员管理、加强检维修作业前准备工作管理、加强对化工企业检维修作业的监督管理等要求。

指导意见中对安全教育培训、作业监护人员、危险有害因素辨识、作业许可证办理、应急救援、作业现场安全管理等进行了明确规定。

[案例二] 2018年6月16日17：45，某生物科技有限公司1名员工在发酵罐内取菌时在罐内昏迷，随后公司3名员工相继进入罐内救援时均昏迷。4名伤者经抢救无效，相继不幸死亡。

二、课堂思考与讨论

在化工生产检维修作业中，应急救援应注意什么？

任务一 特殊作业事故预防

【任务描述】

提高化工企业安全事故应急处理能力，是关系企业安全、稳定发展的大事。危险化学品生产企业作为高危企业，突发事件时有发生，如何做好事故发生后的应急处理，防止事故的扩大化、严重化是值得关注的。然而在化工企业日常安全管理过程中，往往只注重日常安全隐患的检查和治理，却忽略了应急处理能力的改善和提高，导致事故发生后员工往往手足无措或是盲目施救，造成了大量不必要的损失和伤害。图3-1为应急救援现场。

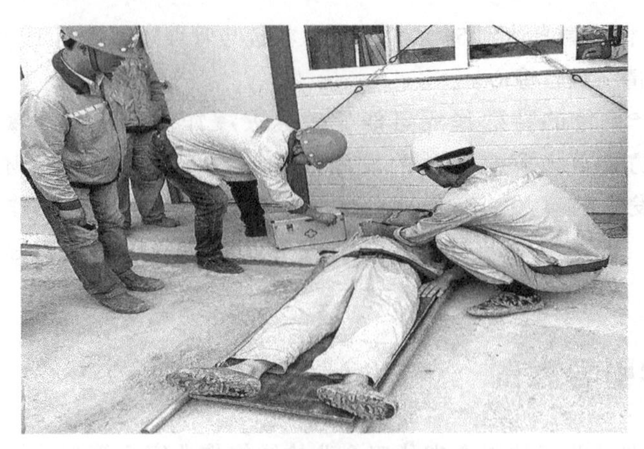

图 3-1 应急救援现场

【相关知识】

一、事故案例分析

“十二五”期间，全国发生较大及以上危险化学品生产安全事故 71 起，年均 14.2 起，共死亡 290 人。

2016 年 11 月 13 日 17：20，某化工有限公司在进行硫酸装置烟气脱硫工段 2 号脱硫塔水洗喷淋塑料支管维修过程中发生窒息事故，造成 3 人死亡。事故原因为：2016 年 11 月 12 日 21：00，当班技术员发现 2 号脱硫塔上部 8 个水洗喷淋塑料支管有水渗漏。13 日 14：50 左右，3 名操作人员到现场处理渗漏。其中 1 名操作人员在未办理作业票、未进行气体分析、未佩戴防护设施的情况下进入 2 号脱硫塔内查看螺旋喷头是否堵塞时晕倒，另外 2 名操作人员盲目入塔施救，最终导致 3 人缺氧窒息死亡。（检测 2 号塔内氧含量为 5%）。

2016 年 11 月 19 日 1：30，某化工科技有限公司（以下简称天润化工）在私自生产噻唑烷过程中发生中毒事故，造成 3 人死亡，2 人受伤。事故原因为：11 月 19 日，投料人员在向反应釜内投入氰亚胺荒酸二甲酯物料后发生反应，产生的副产物甲硫醇从投料口逸出，投料人员吸入后中毒晕倒。4 名施救人员在未采取任何防护措施的情况下施救，导致事故后果扩大。

上述事故暴露出相关企业存在安全生产主体责任不落实、安全生产法制意识淡薄、特殊作业专项整治工作不落实、企业生产基础薄弱、安全管理能力低、应急处置能力差、应急处置不当等问题。

为贯彻落实《中共中央国务院关于推进安全生产领域改革发展的意见》，必须全力推动危险化学品安全综合治理工作。严格规划控制和准入、实施安全风险分级管控、强化生产安全事故隐患排查治理，从而有效遏制较大及以上危险化学品生产安全事故。通过强化安全风险防控和社会共治，加强安全基础能力建设，进一步提升安全生产工作水平，实现事故死亡人数、较大事故、重特大事故进一步下降，促进安全生产形势持续稳定好转，为推动经济高质量发展和决胜全面建成小康社会营造稳定的安全生产环境。

二、特殊作业事故预防措施

特殊作业属高危险作业，作业前必须按规定办理审批手续，作业负责人应检查各项安全措施落实情况，并向作业人员认真进行安全交底。要进行事故预防，还必须做到：

① 进行特殊作业的危害辨识和风险评价，目的是将特殊作业可能产生的危害和风险提前进行分析与处理，针对风险的程度有针对性采取措施，将风险和危害降到最低。

② 作业环境条件处理要安全、有效，针对不同的作业要求采用不同的处理方法，为特殊作业创造条件。

③ 应加强对作业对象、作业环境和作业过程的安全监管和风险控制，制定相应的安全防范措施，按规定程序进行作业许可证的会签审批。进行作业前，对作业任务和安全措施要进一步确认；施工过程中要及时纠正违章行为，发现异常现象时要立即停止作业，消除隐患后方可继续作业；认真组织施工收尾前的安全检查确认。

④ 确定有效作业方案，按照规范要求对动火作业、受限空间作业、动土作业、临时用电作业、高处作业、吊装作业、盲板抽堵作业、断路作业、设备检修作业等危险性作业实施许可管理。

⑤ 作业前要明确作业过程中所有相关人员的职责，明确安全作业规程或标准，确保作业过程涉及的人员都经过了适当的培训并具备相应资质，参与作业的所有人员都应掌握作业的范围、风险和相应的预防和控制措施。必要时，作业前要进行预案演练。无关人员禁止进入危险作业场所。

⑥ 加强作业过程监督，明确落实监护人和责任划分，以便于识别现场条件有无变化、初始办理的作业许能否覆盖现有作业任务。进行监督和管理的人员应是作业许可审批人或其授权人员，须具备基本救护技能和作业现场的应急处理能力。作业监护人应熟悉工艺处理情况，对制定的安全措施要进行检查，对发现措施落实不到位或风险消减措施不完善时，有权停止其作业。监护人应掌握作业人员的情况，同作业人员制定联络信号，保持与作业人员的联系，发现异常立即采取措施或报警。

三、危险识别与安全措施

（一）安全风险分析

要根据动火作业、受限空间作业、动土作业、临时用电作业、高处作业、吊装作业、盲板抽堵作业、断路作业、设备检修作业等特殊作业的特点，全面开展作业前风险分析。

要根据风险分析的结果采取相应的预防和控制措施，消除或降低作业风险。

作业前风险分析的内容要涵盖作业过程的步骤、作业所使用的工具和设备、作业环境的特点以及作业人员的情况等。未实施作业前风险分析、预防控制措施不落实，不得作业。

（二）安全风险控制

应选择工程技术措施、管理控制措施、个体防护措施等，对安全风险进行控制。

应根据安全风险评估结果及生产经营状况等，确定相应的安全风险等级，对其进行分级分类管理，实施安全风险差异化动态管理，制定并落实相应的安全风险控制措施。

应将安全风险评估结果及所采取的控制措施告知相关从业人员，使其熟悉工作岗位和作业环境中存在的安全风险，掌握、落实应采取的控制措施。

（三）危险识别与安全措施

表 3-1～表 3-9 为动火、受限空间、盲板抽堵、高处、吊装、断路、动土、设备检修、

临时用电作业风险分析和安全措施。

表 3-1 动火作业风险分析和安全措施

序号	风险分析	安全措施	选项√
1	系统未彻底隔绝	用盲板彻底隔绝	
2	系统内存在易燃易爆物质	进行置换、冲洗至分析合格	
3	周围 15m 内或下方有易燃物	清除易燃物	
4	现场通风不好	打开门窗、必要时强制通风	
5	风力 5 级以上	不可避免时升级管理	
6	高处作业	系安全带、办高处作业证	
7	高处作业火花飞溅	采取围接措施	
8	塔、油罐、容器等设备内动火	爆炸分析和含氧量测定合格后方可动火。动火人必须先在设备外进行设备内打火试验后方可进入设备	
9	动火人和监火人不清楚现场危险情况	作业前必须进行安全教育	
10	动火现场无消防灭火措施	选择配备：灭火器(　　)台；砂子(　　)公斤、铁锹(　　)；自来水管(　　)根；蒸气管(　　)根；石棉布(　　)块等	
11	电气焊工具不安全	检查电气焊工具，确保安全可靠	
12	氧气瓶与乙炔气瓶间距不够	间距必须大于 5m	
13	氧气瓶、乙炔气瓶与动火作业地点间距不够	间距必须大于 10m	
14	乙炔瓶卧放	必须直立摆放	
15	氧气瓶、乙炔气瓶在烈日下暴晒	夏季采取防晒措施	
16	电焊回路接线不正确	回路线接在焊件上，不得通过下水井或与其他管道、设备搭火	
17	动火设备可能存在无法彻底置换的易燃物	动火设备通过蒸汽(或氮气)保护进行动火	
18	电缆沟动火	清除易燃物，必要时将沟两端隔绝	
19	监火人离开	动火人停止作业	
20	动火人违反安全操作规程	监火人停止其作业	
21	动火点周围出现危险品泄漏	立即停止作业，人员撤离	
22	作业结束，现场留有火种	清理火种(监火人落实)	
23	现场有杂物	清理现场	
补充措施			

表 3-2 受限空间作业风险分析和安全措施

序号	风险分析	安全措施	选项√
1	作业人员身体状况不好	体质较弱的人员不宜进入	
2	作业人员不清楚现场危险	作业前进行安全教育	
3	系统内存在危险品	进行置换、冲洗至分析(提前 30min)合格，涂刷具有挥发性溶剂的涂料时应连续分析	
4	系统未隔绝	所有连通生产管线阀门必须关死，不能用盲板或拆卸管道彻底隔绝的须经安全部门批准	
5	存在搅拌等转动设备	切断电源，并悬挂警示标志	
6	通风不好	打开人孔、手孔、料孔、风门、烟门等，必要时强制通风，不准向内充氧气或富氧空气	
7	高处作业	办理高处作业证	
8	需动火时	办理动火作业证	
9	监护不足	指派专业人员监护，并坚守岗位；险情重大的作业，应增设监护人员	
10	不佩戴劳动防护用品	按规定佩戴安全带(绳)、防毒用品等	
11	易燃易爆环境	使用防爆低压灯具(干燥器内为 36V，潮湿或狭小容器内 12V)和防爆电动工具，禁止使用可能产生火花的工具	
12	使用的设备、工具不安全	检查，确保安全可靠	

续表

序号	风险分析	安全措施	选项√
13	未准备应急用品	备有空气呼吸器、消防器材或清水等应急用品	
14	内外人员联络不畅	正常作业时,内外可通过绳索互通信号或配备可靠的通信工具	
15	人员进出通道不畅	检查,确保安全可靠	
16	无事故情况下的应急措施	工作者感到不适,要连续不断地扯动绳索或使用通信工具报告,并在监护人员协助下离开。发生事故时监护人员要立即报告救护人员,必须做好自身防护后、方可入内实施抢救	
17	吊拉物品时滑脱	可靠捆绑、固定	
18	交叉作业	采取互相之间避免伤害的措施	
19	抛掷物品伤人	不准抛掷物品	
20	出现危险品泄漏	立即停止作业,撤离人员	
21	作业人员私自卸去安全带、防毒面具或违反安全规程	监护人员立即令其停止工作	
22	作业后罐内或现场有杂物	清理	
23	下水道污泥含有硫化氢或其他毒物	按规定佩戴安全带(绳),防毒面具等	
补充措施			

表 3-3　盲板抽堵作业风险分析和安全措施

序号	风险分析	安全措施	选项√
1	盲板选材不当	外观平整、光滑,经检查无裂纹和孔洞;符合管道内介质性质、压力、温度要求;高压盲板应经探伤合格	
2	盲板的尺寸不当	盲板的直径应依据管道法兰密封面直径制作,厚度应经强度计算合格	
3	盲板辨识困难	必须有 1 个或 2 个手柄,每个盲板抽堵处设标牌标明	
4	作业人员不清楚现场危险	作业前必须进行安全教育	
5	监护不足	指派专人监护,并坚守岗位	
6	未佩戴劳动防护用品	按规定佩戴	
7	与生产现场联系不足	应事先与车间负责人或工段长(值班主任)取得联系,建立联系信号	
8	在有毒气体的管道、设备上抽堵盲板	非刺激性气体的压力应小于 26.66kPa;刺激性气体的压力应小于 6.67 kPa,气体温度应小于 60℃	
9	在危险性大的场所作业	消防队、医务人员等到场	
10	涉及整个生产系统	生产技术处负责人和调度人员必须在场	
11	在易燃易爆场所作业	作业地点 30m 内不得有动火作业;工作照明应使用防爆灯具;应使用防爆工具,禁止用铁器敲打管线、法兰等	
12	在同一管道上多处作业	严禁同时进行两处以上盲板抽堵作业	
13	需多处抽堵盲板	编制盲板位置图及盲板编号,由施工总负责人统一指挥作业	
14	出现危险品泄漏	立即停止作业,撤离人员	
15	作业后现场有杂物	清理现场	
补充措施			

表 3-4　高处作业风险分析和安全措施

序号	风险分析	安全措施	选项√
1	作业人员身体状况不好	患有职业禁忌证和年老体弱、疲劳过度、视力不佳及酒后人员等,不准进行高处作业	
2	作业人员不清楚现场危险状况	作业前必须进行安全教育	
3	监护不足	指派专人监护,并坚守岗位	

续表

序号	风险分析	安全措施	选项√
4	未佩戴劳动防护用品	按规定系安全带等，能够正确使用防坠落用品与登高器具、设备	
5	在危险品生产、贮存场所或附近有放空管线的位置作业	事先与施工地点所在单位负责人或班组长（值班主任）取得联系，建立联系信号	
6	材料、器具、设备不安全	检查材料、器具、设备，必须安全可靠	
7	上下时手中持物（工具、材料、零件等）	上下时必须精神集中，禁止手中持物等危险行为，工具、材料、零件等必须装入工具袋	
8	带电高处作业	必须使用绝缘工具或穿均压服	
9	现场噪声大或视线不清楚等	配备必要的联络工具，并指定专人负责联系	
10	上下垂直作业	采取可靠的隔离措施，并按指定的路线上下	
11	易滑动、滚动的工具、材料堆放在脚手架上	采取措施防止坠落	
12	登石棉瓦、瓦棱板等轻型材料作业	必须铺设牢固的脚手板，并加以固定，脚手板上要有防滑措施	
13	抛掷物品伤人	不准抛掷物品	
14	出现危险品泄漏	立即停止作业，人员撤离	
15	作业后高处或现场有杂物	清理	
补充措施			

表 3-5 吊装作业风险分析和安全措施

序号	风险分析	安全措施	选项√
1	作业人员不清楚现场危险状况	作业前必须进行安全教育	
2	吊装质量大于等于 40t 的物体和土建工程主体结构；吊物虽不足 40t，但形状复杂、刚度小、长径比大、精密贵重，施工条件特殊	编制吊装施工方案，并经工程处和环保安全处审查，报主管副总经理或总工程师批准后方可实施	
3	监护不足	指派专人监护，并坚守岗位，非施工人员禁止入内	
4	不佩戴劳动防护用品	按规定佩戴安全帽等防护用品	
5	与生产现场联系不足	应事先与车间负责人或工段长（值班主任）取得联系，建立联系信号	
6	无关人员进入作业现场	在吊装现场设置安全警戒标志	
7	夜间作业	必须有足够的照明	
8	室外作业遇到大雪、暴雨、大雾及 6 级以上大风	停止作业	
9	吊装设备设施带病使用	检查起重吊装设备、钢丝绳、缆风绳、链条、吊钩等各种机具，必须保证安全可靠	
10	指挥联络信号不明确	必须分工明确、坚守岗位，并按规定的联络信号，统一指挥	
11	将建筑物、构筑物作为锚点	经工程处审查核算并批准	
12	周围有电气线路	吊绳索、缆风绳、拖拉绳等避免同带电线路接触，并保持安全距离	
13	人员随同吊装重物或吊装机械升降	采取可靠的安全措施，并经过现场指挥人员批准	
14	利用管道、管架、电杆、机电设备等作吊装锚点	不准吊装	
15	悬吊重物下方站人、通行和工作	不准吊装	
16	超负荷或物体质量不明	不准吊装	
17	斜拉重物、重物埋在地下或重物紧固不牢，绳打结、绳不齐	不准吊装	
18	棱刃物体没有衬垫措施	不准吊装	
19	安全装置失灵	不准吊装	
20	用定型起重吊装机械（履带吊车、轮胎吊车、桥式吊车等）进行吊装作业	遵守该定型机械的操作规程	

续表

序号	风险分析	安全措施	选项√
21	作业过程中盲目起吊	必须先用低高度、短行程试吊	
22	作业过程中出现危险品泄漏	立即停止作业，撤离人员	
23	作业完成后现场有杂物	清理现场	
补充措施			

表 3-6 断路作业风险分析和安全措施

序号	风险分析	安全措施	选项√
1	断路路口未设立断路标志	设立断路标志，为来往的车辆指示绕行路线，必要时设置交通挡杆、交通警示牌	
2	作业前未通知相关应急部门	通知安全、生产、消防、医务等部门	
3	作业过程中无关人员进入施工现场	施工现场设置围栏，夜间应悬挂红灯	
4	作业结束后现场标志未撤除	撤除	
5	作业结束后现场有杂物	清理现场	
6	作业结束后未通知相关应急部门	通知安全、生产、消防、医务等部门	
补充措施			

说明：

1. 化工生产大多是连续化过程，要求各车间、部门密切配合。企业由于各种需要，有时必须进行断路作业，因此，断路作业的协调性、安全性就显得尤为重要，断路作业安全管理就是解决其协调性、安全性。

2. 化工企业生产区域需断路的现场作业种类很多，而这些现场作业大多都有相应的安全管理规定，因此断路作业必须同时满足这些作业规定。

表 3-7 动土作业风险分析和安全措施

序号	风险分析	安全措施	选项√
1	作业人员作业前未经安全教育	进行作业前安全教育	
2	未按规定佩戴劳动防护用品	佩戴安全帽等防护用品	
3	在化工危险场所动土时，与生产现场联系不足	与有关操作人员建立联系，现场不安全时操作人员要通知作业人员撤离	
4	警示标志不足	设置护栏、盖板或警示标志，夜间应设置红灯	
5	动土地点存在电线、管道等地下隐蔽设施	各审批单位向施工单位交代清楚并派专人监护；作业时要轻挖，禁止使用铁棒、铁镐或抓斗等机械工具	
6	多人同时作业	人员相距在2m以上，防止工具伤人	
7	设备、工具不合格	提前检查，必须牢固	
8	作业地点处于易燃易爆场所	禁止能产生火花的作业，否则应同时办理动火证	
9	作业过程中暴露出电缆、管线和不能辨认的物品	停止作业，请专业人员辨认	
10	作业过程中出现危险品泄漏	停止作业，人员撤离	
补充措施			

表 3-8 设备检修作业风险分析和安全措施

序号	风险分析	安全措施	选项√
1	作业人员不清楚现场危险状况	作业前必须进行安全教育	
2	存在危险化学品	清洗、置换至分析合格	
3	系统未彻底隔绝	连接的所有阀门关闭，必要时使用盲板或拆除一段管道隔绝	

续表

序号	风险分析	安全措施	选项√
4	监护不足	指派专人监护，并坚守岗位	
5	未佩戴劳动防护品	按规定佩戴	
6	与生产现场联系不足	检修前，检修项目负责人应与当班班长取得联系	
7	存在运转设备	切断需检修设备的电源，并经启动复查确认无电后，在电源开关处挂上"禁止启动"的安全标志	
8	检修器材不符合安全要求	检查材料、器具，设备，必须安全可靠	
9	其他辅助器材不符合安全要求	对需使用的气体防护器材、消防器材、通信设备、照明设备等进行检查，保证安全可靠，合理放置	
10	行走设施不符合安全要求	对检修现场的爬梯、栏杆、平台、铁箅子、盖板等进行检查，保证安全可靠	
11	使用移动式电气工(器)具	配有漏电保护装置	
12	检修场所存在腐蚀性介质	备有冲洗用水源	
13	检修场所有危险品或其他影响检修安全的杂物	将检修现场的易燃易爆物品、障碍物、油污、冰雪、积水、废弃物等杂物清理干净	
14	检修现场存在坑、井、洼、沟、陡坡等	填平或铺设与地面平齐的盖板，也可设置围栏和警告标志，并设夜间警示红灯	
15	安全通道受阻	应检查、清理检修现场的消防通道、行车通道，保证畅通无阻	
16	夜间检修	作业场所设有足够亮度的照明装置	
17	电气设备检修	遵守电气安全工作规定	
18	需进行高处作业、动火、动土、断路、吊装、盲板抽堵、受限空间作业	按规定办理相应的安全作业证	
19	违反本工种安全操作规程	停止其作业	
20	出现危险品泄漏	立即停止作业，撤离人员	
21	检修项目有遗漏	会同有关检修人员彻底检查	
22	现场有杂物	清理现场	
补充措施			

表 3-9　临时用电风险分析和安全措施

序号	风险分析	安全措施	选项√
1	作业人员作业前未经安全教育	进行作业前安全教育	
2	未按规定佩戴劳动防护用品	佩戴安全帽等防护用品	
3	在化工危险场所接电时，与生产现场联系不足	与有关操作人员建立联系，现场不安全时操作人员要通知作业人员撤离	
4	警示标志不足	设置护栏、盖板或警示标志	
5	1人作业	电工在作业时至少2人以上	
6	设备、工具不合格	提前检查，必须合格	
7	作业地点处于易燃易爆场所	禁止能产生火花的作业，否则应同时办理动火证	
8	作业过程中暴露出电缆、管线和不能辨认的物品	停止作业，请专业人员辨认	
9	作业过程中出现危险品泄漏	停止作业，人员撤离	
10	作业后现场有杂物	清理现场	
补充措施			

四、隐患排查与分析

为准确判定、及时整改化工和危险化学品生产经营单位重大生产安全事故隐患，有效防范遏制重特大生产安全事故，国家安全监管总局制定了《化工和危险化学品生产经营单位重大生产安全事故隐患判定标准（试行）》，各级安全监管部门要按照有关法律法规规定，将《判定标准》作为执法检查的重要依据，强化执法检查，建立健全重大生产安全事故隐患治理督办制度，督促生产经营单位及时消除重大生产安全事故隐患。内容如下：

依据有关法律法规、部门规章和国家标准，以下情形应当判定为重大事故隐患：

① 危险化学品生产、经营单位主要负责人和安全生产管理人员未依法经考核合格。

② 特种作业人员未持证上岗。

③ 涉及“两重点一重大”的生产装置、储存设施外部安全防护距离不符合国家标准要求。

④ 涉及重点监管危险化工工艺的装置未实现自动化控制，系统未实现紧急停车功能，装备的自动化控制系统、紧急停车系统未投入使用。

⑤ 构成一级、二级重大危险源的危险化学品罐区未实现紧急切断功能；涉及毒性气体、液化气体、剧毒液体的一级、二级重大危险源的危险化学品罐区未配备独立的安全仪表系统。

⑥ 全压力式液化烃储罐未按国家标准设置注水措施。

⑦ 液化烃、液氨、液氯等易燃易爆、有毒有害液化气体的充装未使用万向管道充装系统。

⑧ 光气、氯气等剧毒气体及硫化氢气体管道穿越除厂区（包括化工园区、工业园区）外的公共区域。

⑨ 地区架空电力线路穿越生产区且不符合国家标准要求。

⑩ 在役化工装置未经正规设计且未进行安全设计诊断。

⑪ 使用淘汰落后安全技术工艺、设备目录列出的工艺、设备。

⑫ 涉及可燃和有毒有害气体泄漏的场所未按国家标准设置检测报警装置，爆炸危险场所未按国家标准安装使用防爆电气设备。

⑬ 控制室或机柜间面向具有火灾、爆炸危险性装置一侧不满足国家标准关于防火防爆的要求。

⑭ 化工生产装置未按国家标准要求设置双重电源供电，自动化控制系统未设置不间断电源。

⑮ 安全阀、爆破片等安全附件未正常投用。

⑯ 未建立与岗位相匹配的全员安全生产责任制或者未制定实施生产安全事故隐患排查治理制度。

⑰ 未制定操作规程和工艺控制指标。

⑱ 未按照国家标准制定动火、进入受限空间等特殊作业管理制度，或者制度未有效执行。

⑲ 新开发的危险化学品生产工艺未经小试、中试、工业化试验直接进行工业化生产；国内首次使用的化工工艺未经过省级人民政府有关部门组织的安全可靠性论证；新建装置未制定试生产方案投料开车；精细化工企业未按规范性文件要求开展反应安全风险评估。

⑳ 未按国家标准分区分类储存危险化学品，超量、超品种储存危险化学品，相互禁配物质混放混存。

任务二 特殊作业事故处理

【任务描述】

必须掌握危险化学品事故类型及特点，认识危险化学品事故的严重性，做好职业安全防护工作。按照国家有关规范要求，掌握发生火灾事故、爆炸事故、泄漏事故、中毒窒息事故、化学灼伤事故的危害及处理措施，正确、合理、及时、安全地处理危险化学品事故，避免或降低事故所造成的损失。

【相关知识】

知识点一 安全事故管理原则

在化工生产装置检修等特殊作业过程中，由于各种原因的影响，如果作业人员没有能够充分地进行风险识别和安全评价，防范措施不到位，很可能导致在工作中产生某种失误，造成事故的发生。有关数据表明，在化工企业生产、检修过程发生的事故中，由于作业人员的不安全行为造成的事故约占事故总数的 88%；由于工作中的不安全条件造成的事故约占事故总数的 10%；其余 2%是综合因素造成的。可以看出，在相同的工作条件下，作业人员的不安全行为是造成事故的主要原因。

一、加强安全事件管理

对涉险事故、未遂事故等安全事件（如生产事故征兆、非计划停工、异常工况、泄漏等），按照重大、较大、一般等级别，进行分级管理，制定整改措施，防患于未然；建立安全事故事件报告激励机制，鼓励员工和基层单位报告安全事件，使企业安全生产管理由单一事后处罚，转向事前奖励与事后处罚相结合；强化事故前控制，关口前移，积极消除不安全行为和不安全状态，把事故消灭在萌芽状态。

二、加强事故管理

生产单位要根据国家相关法律、法规和标准的要求，制定本单位的事故管理制度，规范事故调查工作，保证调查结论的客观完整性；事故发生后，要按照事故等级、分类时限，上报政府有关部门，并按照相关规定，积极配合政府有关部门开展事故调查工作。事故调查处理应坚持“四不放过”和“依法依规、实事求是、注重实效”的原则。

三、深入分析事故事件原因

生产单位要根据国家相关法律、法规和标准的规定，运用科学的事故分析手段，深入剖析事故事件的原因，找出安全管理体系的漏洞，从整体上提出整改措施，完善安全管理体系。

四、切实吸取事故教训

建立事故通报制度，及时通报本企业发生的事故，组织员工学习事故经验教训，完善相应的操作规程和管理制度，共同探讨事故防范措施，防范类似事故的再次发生；对国内外同行业发生的重大事故，要主动收集事故信息，加强学习和研究，对照本企业的生产现状，借鉴同行业事故暴露出的问题，查找事故隐患和类似的风险，警示本企业员工，落实防范措施；充分利用现代网络信息平台，建立事故事件快报制度和案例信息库，实现基层单位、基层员工及时上报、及时查寻、及时共享事故事件资源，促进全员安全意识的提高；充分利用事故案例资源，提高安全教育培训的针对性和有效性；对本单位、相关单位在一段时间内发生的所有事故事件进行统计分析，研究事故事件发生的特点、趋势，制定防范事故的总体策略。

知识点二 应急管理

一、应急准备

1. 应急救援组织

企业应按照有关规定建立应急管理组织机构或指定专人负责应急管理工作，建立与本企业安全生产特点相适应的专（兼）职应急救援队伍。按照有关规定可以不单独建立应急救援队伍的，应指定兼职救援人员，并与邻近专业应急救援队伍签订应急救援服务协议。

2. 应急预案

企业应在开展安全风险评估和应急资源调查的基础上，建立生产安全事故应急预案体系，制定符合 GB/T 29639 规定的生产安全事故应急预案，针对安全风险较大的重点场所（设施）制定现场处置方案，并编制重点岗位、人员应急处置卡。

企业应按照有关规定将应急预案报当地主管部门备案，并通报应急救援队伍、周边企业等有关应急协作单位，企业应定期评估应急预案，及时根据评估结果或实际情况的变化进行修订和完善，并按照有关规定将修订的应急预案及时报当地主管部门备案。

3. 应急设施、装备、物资

企业应根据可能发生的事故种类特点，按照规定设置应急设施、配备应急装备、储备应急物资、建立管理台账、安排专人管理，并定期检查、维护、保养，确保其完好、可靠。

4. 应急演练

企业应按照 AQ/T 9007 的规定，定期组织公司（厂、矿）、车间（工段、区、队）、班组开展生产安全事故应急演练，做到一线从业人员参与应急演练全覆盖，并按照 AQ/T

9009的规定对演练进行总结和评估，根据评估结论和演练发现的问题，修订、完善应急预案，改进应急准备工作。

5. 应急救援信息系统建设

矿山、金属冶炼等企业，生产、经营、运输、储存、使用危险物品或处置废弃危险物品的生产经营单位，应建立生产安全事故应急救援信息系统，并与所在地县级以上地方人民政府负有安全生产监督管理职责部门的安全生产应急管理信息系统互联互通。

二、应急处置

发生事故后，企业应根据预案要求，立即启动应急响应程序，按照有关规定报告事故情况，并开展前期处置：

发出警报，在不危及人身安全时，现场人员采取阻断或隔离事故源、危险源等措施；严重危及人身安全时，迅速停止现场作业，现场人员采取必要的或可能的应急措施后撤离危险区域。

立即按照有关规定和程序报告本企业有关负责人，有关负责人应立即将事故发生的时间、地点、当前状态等简要信息向所在地县级以上地方人民政府负有安全生产监督管理职责的有关部门报告，并按照有关规定及时补报、续报有关情况；情况紧急时，事故现场有关人员可以直接向有关部门报告；对可能引发次生事故灾害的，应及时报告相关主管部门。

研判事故危害及发展趋势，将可能危及周边生命、财产、环境安全的危险性和防护措施等告知相关单位与人员；遇有重大紧急情况时，应立即封闭事故现场，通知本单位从业人员和周边人员疏散，采取转移重要物资、避免或减轻环境危害等措施。

请求周边应急救援队伍参加事故救援，维护事故现场秩序，保护事故现场证据。准备事故救援技术资料，做好向所在地人民政府及负有安全生产监督管理职责的部门移交救援工作指挥权的各项准备。

三、应急评估

企业应对应急准备、应急处置工作进行评估。

矿山、金属冶炼等企业，生产、经营、运输、储存、使用危险物品或处置废弃危险物品的企业，应每年进行一次应急准备评估。

完成险情或事故应急处置后，企业应主动配合有关组织开展应急处置评估。

知识点三 安全事故查处

一、安全事故报告要求

企业应建立事故报告程序，明确事故内外部报告的责任人、时限、内容等，并教育、指导从业人员严格按照有关规定的程序报告发生的生产安全事故。

企业应妥善保护事故现场以及相关证据。

事故报告后出现新情况的，应当及时补报。

二、安全事故调查和处理

企业应建立内部事故调查和处理制度，按照有关规定、行业标准和国际通行做法，将造成人员伤亡（轻伤、重伤、死亡等人身伤害和急性中毒）和财产损失的事故纳入事故调查和处理范畴。

企业发生事故后，应及时成立事故调查组，明确其职责与权限，进行事故调查。事故调查应查明事故发生的时间、经过、原因、波及范围、人员伤亡情况及直接经济损失等。

事故调查组应根据有关证据、资料，分析事故的直接、间接原因和事故责任，提出应吸取的教训、整改措施和处理建议，编制事故调查报告。

企业应开展事故案例警示教育活动，认真吸取事故教训，落实防范和整改措施，防止类似事故再次发生。

企业应根据事故等级，积极配合有关人民政府开展事故调查。

三、企业安全事故管理要求

企业应建立事故档案和管理台账，将承包商、供应商等相关方在企业内部发生的事故纳入本企业事故管理。

企业应按照 GB 6441、GB/T 15499 的有关规定和国家、行业确定的事故统计指标开展事故统计分析。

【考核评价】

一、结合事故案例分析企业应急管理存在的问题和经验教训

[案例一] 2014 年 1 月 1 日，山东某燃化有限公司储运车间发生硫化氢中毒事故，造成 4 人死亡。事故原因是：维护人员拆开倒罐管线上的一处法兰排水后未及时复原；在向生产装置送料时，操作人员错误开启倒罐阀门，造成石脑油泄漏；在处置泄漏过程中，现场人员未佩戴个体防护用品，释放出的硫化氢气体致使人员中毒。

[案例二] 2015 年 2 月 8 日，山东某实业有限公司醪塔内发生闪爆事故，造成 3 人死亡、5 人受伤。事故原因是：企业对装置蒸汽吹扫置换不彻底，残余酒精蒸气或醪液发酵生成沼气与空气在醪塔内形成爆炸性混合物，检修人员进入醪塔拆除塔板时产生机械火花等点火源，引起醪塔内上部空间闪爆，导致塔顶部的除沫板坠落，砸伤塔内作业人员并致跌落。

[案例三] 2015 年 3 月 11 日，山东某化工股份有限公司氯烃一车间氯甲烷工段发生爆炸事故，造成 2 人死亡、1 人受伤。事故原因是：装置停工时，职工违章操作、冒险作业，将稀盐酸循环罐的回液管道拆除后，造成罐与外部大气直接连通，使空气进入罐内形成爆炸性气体，向罐内注水时将爆炸性气体排出，加之罐的上部为实体楼板使气体聚积，二层施工作业的电焊火花作为点火源引起罐内、外气体闪爆。

[案例四] 2017 年 4 月 3 日 11:35 左右，劳务承包单位某清洁服务公司在某市经济开发区某食品有限公司（发包单位）内进行污水井清理，清理过程中，清洁服务公司的 1 名员工在井下晕倒，其余 4 名员工相继下井施救均晕倒，事故共造成 4 人死亡、1 人受伤。据初步

调查，事故原因是由于清洁服务公司的员工未按照规定进入受限空间作业引发气体中毒，因盲目施救引起伤亡扩大。

二、检查与评价

① 结合案例总结，形成不少于600字的小论文。
② 考核学生对应急救援管理措施的理解。
③ 考核学生对检维修特种作业实践装置的正确操作。
④ 考核学生的现场处置能力和应变能力。

三、全国化工安全生产技术技能竞赛-检维修作业操作装置实训考核要求

装置的具体实训内容分为三个部分：应急抢修作业考核、计划性检修作业考核、安全文明生产。

编号	考核项目名称	分值/分
1	应急抢修作业考核	15
2	计划性检修作业考核	75
3	安全文明生产	10

（一）非计划性检修作业考核（应急抢修作业）

非计划性检修作业考核共有四个事故，在竞赛中随机考核一个事故。四个事故分别为：法兰垫片处乙酸乙酯泄漏应急作业考核；管道乙酸乙酯物质泄漏应急作业考核；法兰垫片处氰化钠溶液泄漏应急作业考核；管道氰化钠溶液泄漏应急作业考核。

在非计划性检修作业考核过程中，采用局部走水，出现真实的泄漏现象，并采用气体打压实验来评判参赛选手作业效果，使考核更加地公平、公正、合理。

编号	考核内容	分值/分
1	事故的发现、汇报，应急预案的启动	4
2	个人防护及应急抢修作业	9
3	应急作业后处理	1
4	事故的记录备案	1

1. 法兰垫片处乙酸乙酯泄漏事故操作细则（15分）

编号	考核项目	考核内容	分工
1	准备工作	在微机上易燃易爆题库中答题（判断题）	A
		现场巡检，挂巡检牌	B/C
2	应急考核开始	点击应急考核“开始”按钮	A
3	事故汇报	汇报事故（包括：1. 泄漏地点，2. 泄漏物质）	B/C
4	应急预案选择	选择法兰垫片处易燃易爆物质泄漏应急预案	A

续表

编号	考核项目	考核内容	分工
5	工艺处理	打开 XV-107	B/C
		关闭 XV-105	
		关闭 XV-106	
6	个人防护和工具	防静电服(选用)	B/C
		铜制防爆扳手(选用)	
		干粉灭火器(选用)	
		防静电手套(选用)	
		消防蒸汽(选用)(打开 XV-119)	
7	垫片的更换	打开 XV-208	B/C
		物料收集桶,收集放出的物料	
		金属垫片的选择	
		垫片的更换操作	
		关闭 XV-208	
8	阀组恢复	打开 XV-105	B/C
		打开 XV-106	
		关闭 XV-107	
9	事故后处理	干粉灭火器对泄漏物质覆盖喷射	B/C
		现场清理	
		关闭 XV-119	
10	事故记录	事故的记录	A
11	应急考核结束	点击应急考核“结束”按钮,结束应急考核	A

2. 法兰垫片处氰化钠溶液泄漏事故操作细则 (15 分)

编号	考核项目	考核内容	分工
1	岗前准备工作	在微机上有毒有害题库中答题(判断题)	A
		现场巡检,挂巡检牌	B/C
2	应急考核开始	点击应急考核“开始”按钮	A
3	事故汇报	汇报事故(包括:1. 泄漏地点,2. 泄漏物质)	B/C
4	应急预案选择	选择法兰垫片处有毒有害物质泄漏应急预案	A
5	作业人员疏散	专线通知上级,紧急疏散	A
6	个人防护和工具	轻型防化服(选用)	B/C
		化学防护手套(选用)	
		化学防护眼镜(选用)	
		过滤式防毒面具(选用)	
		活性炭包(选用)	
		泡沫灭火器(选用)	
7	工艺处理	打开 XV-107	B/C
		关闭 XV-105	
		关闭 XV-106	
8	垫片的更换	打开 XV-208	B/C
		物料收集桶收集放出的氰化钠溶液	
		金属垫片的选择	
		垫片的更换操作	
		关闭 XV-208	
9	阀组恢复	打开 XV-105	B/C
		打开 XV-106	
		关闭 XV-107	

续表

编号	考核项目	考核内容	分工
10	事故后处理	活性炭对泄漏物质吸附	B/C
		泡沫灭火器对泄漏物质覆盖喷射	
		现场清理	
11	事故记录	事故的记录	A
12	应急考核结束	点击应急考核“结束”按钮，结束应急考核	A

3. 管线乙酸乙酯泄漏事故操作细则（15分）

编号	考核项目	考核内容	分工
1	岗前准备工作	在微机上易燃易爆题库中答题(判断题)	A
		现场巡检，挂巡检牌	B/C
2	应急考核开始	点击应急考核“开始”按钮	A
3	事故汇报	汇报事故(包括：1. 泄漏地点，2. 泄漏物质)	B/C
4	应急预案选择	选择管线易燃易爆物质泄漏应急预案	A
5	个人防护和工具	防静电服	B/C
		防静电手套	
		铜制防爆扳手(17～19号开口扳手)	
		干粉灭火器	
		消防蒸汽(打开XV-119)	
6	带压堵漏作业	哈夫节带压应急堵漏作业	B/C
7	事故后处理	干粉灭火器对泄漏物质覆盖喷射	B/C
		现场清理	
		关闭XV-119	
8	事故记录	事故的记录	A
9	应急考核结束	点击应急考核“结束”按钮，结束应急考核	A

4. 管线氰化钠溶液泄漏事故操作细则（15分）

编号	考核项目	考核内容	分工
1	岗前准备工作	在微机上有毒有害题库中答题(判断题)	A
		现场巡检，挂巡检牌	B/C
2	应急考核开始	点击应急考核“开始”按钮	A
3	事故汇报	汇报事故(包括：1. 泄漏地点，2. 泄漏物质)	B/C
4	应急预案选择	选择管线有毒有害物质泄漏应急预案	A
5	个人防护和工具	轻型防化服	B/C
		过滤式防毒面具	
		化学防护眼镜	
		化学防护手套	
		活性炭包	
		泡沫灭火器	
6	带压堵漏作业	哈夫节带压应急堵漏作业	B/C
7	事故后处理	活性炭对泄漏物质吸附	B/C
		泡沫灭火器对泄漏物质覆盖喷射	
		现场清理	
8	事故记录	事故的记录	A
9	应急考核结束	点击应急考核“结束”按钮，结束应急考核	A

（二）计划性检修作业考核

计划性检修作业考核，包含了在计划性检修过程中最常见的受限空间作业、高处作业、临时用电作业、一级动火作业、盲板抽堵作业等五大特殊作业的整个作业流程，可以培养和提高参赛选手的特殊作业的安全技能和安全意识。

编号	考核内容	分值/分
1	检修作业许可证的办理考核	4
2	作业条件确认考核	3
3	特殊作业许可证的办理流程考核	15
4	管线的吹扫置换考核	8
5	盲板抽堵作业考核	22
6	汽提塔的低压水冲洗考核	2
7	受限空间作业考核	15
8	动火作业考核	6

1. 含乙酸乙酯物料计划性检修作业考核操作细则（75分）

编号	考核项目	考核内容	分工
1	检修任务许可证	检修作业许可证的办理和填写	A+B
2	公共管线作业条件确认	消防蒸汽线压力≥1.0MPa	A/B/C
		吹扫蒸汽线压力≥1.0MPa	
		吹扫氮气线压力≥0.6MPa	
3	特殊作业许可证的办理	受限空间作业许可证的办理和填写	A+B
		临时用电作业许可证的办理和填写	
		高处作业许可证的办理和填写	
		盲板抽堵作业许可证的办理和填写	
		一级动火作业许可证的办理和填写	
4	4.1 原料入口管线吹扫	XV-101、XV-102、XV-103、XV-104、XV-105、XV-106、XV-206 关闭状态，XV-203、XV-107、XV-108、MB-101、MB-102 打开状态	A+B/C
		打开 XV-204，吹扫时间为 2min	
		关闭 XV-204	
	4.2 回流管线吹扫置换	XV-109、XV-112、XV-113、XV-114、XV-115、MB-103、MB-104 打开状态，XV-110、XV-111 关闭状态	
		打开 XV-206，吹扫时间为 2min	
		关闭 XV-206	
5	盲板抽堵作业	作业条件检查：工艺参数、作业条件的确认	A+B/C
		个人防护：防爆扳手、防静电服、干粉灭火器、消防蒸汽（XV-119 阀门打开）、防静电手套的选用	B+C
		关闭 XV-108	A+B/C
		关闭 XV-109	
		关闭 XV-115	
		关闭 XV-118	
		盲板的抽堵作业	A/B/C
		盲板警示牌添加	
6	汽提塔低压水冲洗	打开 XV-201（塔低压水冲洗时间为 2min）	B/C
		关闭 XV-201	
		打开 XV-202（塔放空时间为 2min）	
		关闭 XV-202	

续表

编号	考核项目	考核内容	分工
7	受限空间作业	现场警戒线,"严禁进入"警示牌	A+B/C
		打开人孔,新鲜空气的置换	
		受限空间作业前,气体环境检测	
		照明灯具选择,安全电压36V的选择	
		安全带、工具袋的佩戴	
		应急用品选择:过滤式防毒面具、消防蒸汽、干粉灭火器、清水、救生绳	
		塔盘的拆卸和安装以及浮阀的更换	
		人孔的安装工作	
8	一级动火作业	动火作业现场警戒线,"严禁进入"警示牌	A+B/C
		干粉灭火器、消防沙、消防蒸汽的准备	
		动火条件检测:1. 乙酸乙酯气体浓度≤0.2%(体积分数)	
		动火条件检测:2. 气瓶之间相距5m以上,气瓶与动火点间距10m以上	
9	考核结束	点击"考核结束"和"交卷"按钮	A

2. 含氰化钠溶液计划性检修作业考核操作细则(75分)

编号	考核项目	考核内容	分工
1	检修任务许可证	检修作业许可证的办理和填写	A+B
2	公共管线作业条件确认	消防蒸汽线压力≥1.0MPa	ABC
		吹扫蒸汽线压力≥1.0MPa	
		吹扫氮气线压力≥0.6MPa	
3	特殊作业许可证的办理	受限空间作业许可证的办理和填写	A+B
		临时用电作业许可证的办理和填写	
		高处作业许可证的办理和填写	
		盲板抽堵作业许可证的办理和填写	
		一级动火作业许可证的办理和填写	
4	4.1 原料入口管线吹扫置换	XV-101、XV-102、XV-103、XV-104、XV-105、XV-106、XV-206关闭状态,XV-203、XV-107、XV-108、MB-101、MB-102打开状态。	A+B/C
		打开XV-204,吹扫时间为2min	
		关闭XV-204	
	4.2 回流管线吹扫置换	XV-109、XV-112、XV-113、XV-114、XV-115、MB-103、MB-104打开状态,XV-110、XV-111关闭状态	A+B/C
		打开XV-206,吹扫时间为2min	
		关闭XV-206	
5	盲板抽堵作业	作业条件检查:工艺参数、作业条件的确认	A+B/C
		个人防护:防爆扳手,防静电服,干粉灭火器,消防蒸汽(XV-119阀门打开),防静电手套的选用	B+C
		关闭XV-108	A+B/C
		关闭XV-109	
		关闭XV-115	
		关闭XV-118	
		盲板的抽堵作业	A/B/C
		盲板警示牌添加	

续表

编号	考核项目	考核内容	分工
6	汽提塔低压水冲洗	打开 XV-201(塔低压水冲洗时间为 2min)	B/C
		关闭 XV-201	
		打开 XV-202(塔放空时间为 2min)	
		关闭 XV-202	
7	受限空间作业	现场警戒线,“严禁进入”警示牌	B/C
		打开人孔,新鲜空气的置换	A+B/C
		受限空间作业前,气体环境检测	
		照明灯具选择,安全电压 36V 的选择	
		安全带、工具袋的佩戴	
		应急用品选择:过滤式防毒面具、消防蒸汽、干粉灭火器、清水、救生绳	
		塔盘的拆卸和安装以及浮阀的更换	
		人孔的安装工作	
8	一级动火作业	动火作业现场警戒线,“严禁进入”警示牌	A+B/C
		干粉灭火器、消防沙、消防蒸汽的准备	
		动火条件检测:1. 乙酸乙酯气体浓度≤0.2%(体积分数)	
		动火条件检测:2. 气瓶之间 5m,气瓶与动火点 10m	
9	考核结束	点击“考核结束”和“交卷”按钮	A

(三) 安全文明生产

安全文明生产主要是参赛选手在考核过程中的操作规范、安全作业以及现场纪律方面的评判，参赛选手需规范操作、安全作业、文明生产。安全文明生产总分为 10 分。

项目	内容	考核要求
安全文明生产	文明操作	穿戴符合安全生产与文明操作要求
		保持现场环境整齐、清洁、有序
		正确操作设备、使用工具
		文明礼貌,服从裁判,尊重工作人员
		记录及时、完整、规范、真实、准确
		记录结果弄虚作假,扣全部文明操作分
	安全生产	如发生人为的操作安全事故、设备人为损坏、伤人等情况,扣除本项单元操作考核分

参 考 文 献

[1] 国家质量监督检验检疫总局、国家标准化管理委员会．化学品生产单位特殊作业安全规范 GB 30871—2014.

[2] 安全管理网．http：//www. safehoo. com/.

[3] 中华人民共和国应急管理部．http：//www. chinasafety. gov. cn/.

[4] 刘景良．化工安全技术．第 3 版．北京：化学工业出版社，2014.

[5] 朱宝轩．化工安全技术基础．北京：化学工业出版社，2008.

[6] 齐向阳．化工安全技术．第 2 版．北京：化学工业出版社，2014.

[7] 冯肇瑞，杨有启．化工安全技术手册．北京：化学工业出版社，1993.

[8] 朱建军．化工安全与环保．北京：北京大学出版社，2011.

[9] 朱兆华，郭其云，徐丙根．起重作业安全技术问答．北京：化学工业出版社，2009.

[10] 朱兆华，江晨，徐丙根．电工作业安全技术问答．北京：化学工业出版社，2009.

[11] 沈振国，等．登高作业安全技术问答．北京：化学工业出版社，2009.

[12] 张应立，等．起重司索指挥作业．北京：化学工业出版社，2006.

[13] 关文玲，蒋军成．我国化工企业火灾爆炸事故统计分析及事故表征物探讨．中国安全科学学报，2008，18（3）：103-107.

[14] 中华人民共和国国务院．危险化学品安全管理条例，2013.

[15] 全国化工安全生产技术技能竞赛．化工安全生产技术技能竞赛 C 赛项操作指南，2018.

[16] 李连成．石油化工设备维护与企业现场管理．化工管理，2008.

[17] 张双庆，王煜，吴立强．石油化工企业安全管理的改进和优化．中国石油和化工标准与质量，2011.

[18] 杨莉，许开立，郑欣．火灾、爆炸、泄漏场所的危险性评价．安全，2008.

[19] 段海涛．化工装置现场维修作业安全管理．齐鲁石油化工，2007.

[20] 杭森，于民．浅谈如何做好石油化工装置检维修施工的安全生产管理．中国科技信息，2005.

[21] 陈学娥．化工企业检维修作业过程的安全管理分析．化工管理，2016.

[22] 陈丹江．检维修安全轻视不得．中国化工报，2011.

[23] 徐卫忠，潘强，吕剑超．炼化企业检维修施工作业的 HSE 管理．石油化工安全环保技术，2017.

[24] 张志高．炼油企业检维修作业过程中安全管理分析．石化技术，2016.

[25] 胡鹏飞．加强检维修管理预防重大事故——化工行业检维修重大事故汇总及风险预防．现代职业安全，2018.

[26] 张东成．化工企业特殊作业安全监护．现代职业安全，2018.

[27] 马宗霞．化学品生产单位在特殊作业环节的安全管理对策．化学工程与装备，2016.

[28] 招嘉虹．规范特殊作业新国标正当其时——访国家安全监管总局监管三司司长孙广宇．现代职业安全，2015.

[29] 张方铭．化工企业特殊作业中存在的普遍问题及其安全措施．化工管理，2017.

[30] 李欣，刘华炜．化学品生产单位现场作业安全标准分析与对比．安全、健康和环境，2016.

[31] 徐堃山．关于《化学品生产单位特殊作业安全规程》的几点浅见．化工管理，2017.

[32] 郑君．国标规范八类特殊作业安全操作．劳动保护，2015.